DELIUS KLASING

In Zusammenarbeit mit Isabelle Hannebicque
Gestaltungskonzept: Laurence Ningre und Jean-François Saada

BESTIMMEN UND BEOBACHTEN

WALE UND DELFINE

Gérard Soury

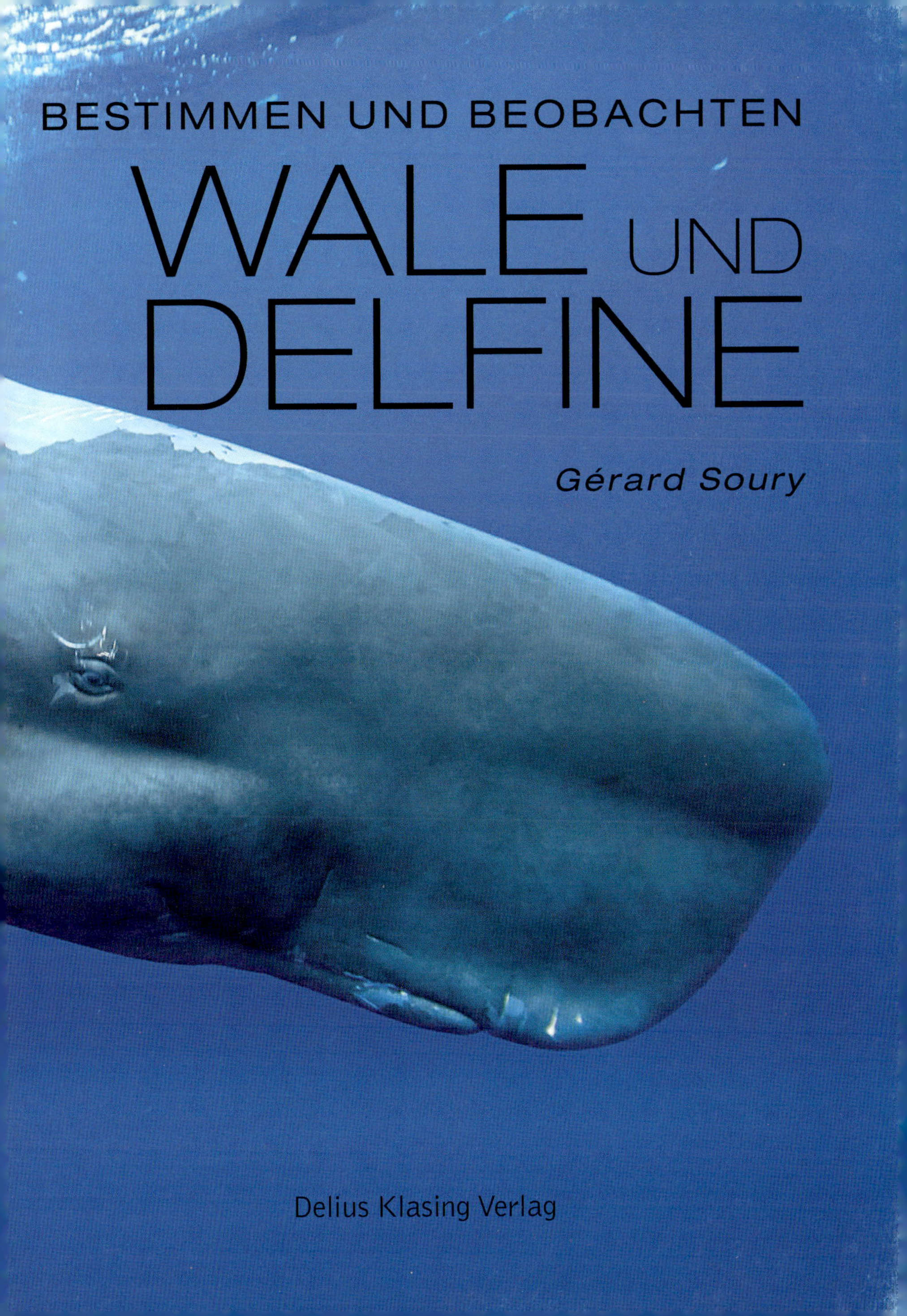

Delius Klasing Verlag

Titel der französischen Originalausgabe: Dauphins et baleines

Bibliografische Information der Deutschen Nationalbibliothek
Die Deutsche Nationalbibliothek verzeichnet diese Publikation in der Deutschen Nationalbibliografie; detaillierte bibliografische Daten sind im Internet über http://dnb.d-nb.de abrufbar.

1. Auflage
ISBN 978-3-7688-3189-5
Die Rechte für die deutsche Ausgabe liegen beim Verlag
Delius, Klasing & Co. KG, Bielefeld
Herausgegeben in der EDITION NAGLSCHMID

Aus dem Französischen von Ulrike Kirsch
Deutsche Bearbeitung: Dr. Friedrich Naglschmid
Layout: Laurence Ningre und Jean-François Saada
Einbandgestaltung: Buchholz/Hinsch/Hensinger, Hamburg
Printed in Malaysia 2011

Delius Klasing Verlag, Siekerwall 21, D - 33602 Bielefeld
Tel.: 0521/559-0, Fax: 0521/559-115
E-Mail: info©delius-klasing.de
www.delius-klasing.de

Inhalt

Einleitung

Unsere Begeisterung für das *Whale Watching* – die Beobachtung von Walen und Delfinen in freier Wildbahn – erwuchs gleichzeitig mit der späten Erkenntnis, wie zerbrechlich unser Planet ist. In ihrem Lebensraum sind Meeressäuger sowohl natürlichen als auch vom Menschen verursachten Einflüssen direkt ausgesetzt, seien es die Erwärmung der Ozeane, Meeresverschmutzung, Wal- und Delfinfang oder umhertreibende herrenlose Fischernetze, die tödliche Fallen auf Tausenden von Kilometern darstellen. Das Überleben der Meeressäuger hängt unmittelbar mit dem Zustand der Umwelt zusammen.

Wale und Delfine gelten nicht nur als Symbol der Freiheit, sie sind auch lebende Barometer für den Gesundheitszustand unserer Erde geworden. Ihnen in ihrer natürlichen Umgebung zu begegnen weckt unsere Wissbegierde, und das Wesentliche unserer Erkenntnisse über sie lässt sich vereinfacht auf Folgendes zusammenfassen: Seit Jahrmillionen existieren diese Tiere dank ihrer Fähigkeit, perfekt an die Natur angepasst zu sein und so deren Gesetze zu respektieren. Als vor mehreren zehn Millionen Jahren keine Aussicht mehr bestand, den Überlebenskampf als Landsäugetiere zu bestehen, kehrten sie ins Meer zurück. Sie scheinen uns friedlich gesinnt, obwohl wir sie noch immer jagen. Sie akzeptieren uns und suchen häufig sogar unsere Nähe. Fahren wir aufs Meer hinaus, begeben wir uns nicht nur auf eine Zeitreise in die Vergangenheit, sondern begegnen wunderschönen, empfindsamen und intelligenten Lebewesen, die uns letztlich zu uns selbst zurückführen können.

Der vorliegende Naturführer ist nicht nur Bestimmungshilfe, sondern will seinen Lesern auch Biologie und Verhalten der Meeressäuger näherbringen. Am Ende findet sich ein weltweiter Überblick mit den besten Beobachtungsstellen, der sowohl Anfängern als auch erfahrenen Whale Watchern Möglichkeiten aufzeigt, wie, wo und wann man Walen und Delfinen naturverträglich begegnen kann. Viel Glück und gut Wind!

Klasse Säugetiere

Ordnung Waltiere (Cetacea)

Unterordnung **Zahnwale** (Odontoceti)

10 Familien, 75 Arten

* hierin beschriebene Arten

Überfamilie

Schnabelwalartige
Ziphioidea

Über Schnabelwale wissen wir nur wenig, da sie selten zu sehen sind. Die meisten Erkenntnisse stammen von gestrandeten Exemplaren. Schnabelwaltypische Merkmale: Der Unterkiefer überragt den Oberkiefer, praktisch keine Mittelkerbe in der Fluke (Schwanzflosse), 2 v-förmige Kehlfurchen, 1 oder 2 Paar Zähne nur im Unterkiefer mit Ausnahme des Camperdown-Wals (*Mesoplodon grayi*), der ein Paar im Unterkiefer und 17 bis 22 Paar Zähne im Oberkiefer besitzt, und des Shepherd-Wals (*Tasmacetus shepherdi*) mit bis zu 98 Stück in beiden Kiefern.

Familie

Schnabelwale

Ziphiidae – 22 Arten

Südlicher Schwarzwal – *Berardius arnuxii*
Baird-Wal – *Berardius bairdii*
Nördlicher Entenwal – *Hyperoodon ampullatus**
Südlicher Entenwal – *Hyperoodon planifrons*
Sowerby-Zweizahnwal – *Mesoplodon bidens**
Andrews-Schnabelwal – *Mesoplodon bowdoini*
Hubbs-Zweizahnwal – *Mesoplodon carlhubbsi*
Blainville-Schnabelwal – *Mesoplodon densirostris*
Gervais-Zweizahnwal – *Mesoplodon europaeus*
Japanischer Schnabelwal – *Mesoplodon gingkodens*
Camperdown-Wal – *Mesoplodon grayi*
Hector-Schnabelwal – *Mesoplodon hectori*
Layard-Wal – *Mesoplodon layardii*
True-Wal – *Mesoplodon mirus*
Pazifischer Schnabelwal – *Mesoplodon pacificus*
Perrin-Zweizahnwal – *Mesoplodon perrini*
Peruanischer Schnabelwal – *Mesoplodon peruvianus*
Unidentifizierter Schnabelwal – *Mesoplodon sp. 'A'*
Stejneger-Schnabelwal – *Mesoplodon stejnegeri*
Travers-Zweizahnwal – *Mesoplodon traversii* (früher *M. bahamondi*)
Shepherd-Wal – *Tasmacetus shepherdi*
Cuvier-Schnabelwal – *Ziphius cavirostris*

Überfamilie

Flussdelfinartige
Platanistoidea

Trotz weit voneinander entfernter Lebensräume weisen Flussdelfine viele Gemeinsamkeiten auf: einen langen, dünnen Schnabel mit zahlreichen winzigen Zähnen, große Flipper (Brustflossen) und eine dank nicht verwachsener Halswirbel hohe Beweglichkeit – alles Vorteile, die den Fischfang erleichtern. Infolge der trüben Gewässer ihrer Lebensräume verschlechterte sich das Sehvermögen bei manchen Flussdelfinarten im Laufe der Evolution fast bis zur Blindheit. Dafür bildeten sie zur Orientierung und zum Beutefang ein gutes Echoortungssystem aus.

Familie

Inias

Iniidae – 1 Art

Amazonasdelfin – *Inia geoffrensis* *

Familie

Chinesische Flussdelfine

Lipotidae – 1 Art

Chinesischer Flussdelfin – *Lipotes vexillifer* *

Familie

Gangesdelfine

Platanistidae – 2 Arten

Gangesdelfin – *Platanista gangetica* *

Indusdelfin – *Platanista minor*

Familie

La-Plata-Delfine

Pontoporiidae – 1 Art

La-Plata-Delfin – *Pontoporia blainvillei*

Überfamilie

Pottwalartige
Physeteroidea

Diese Überfamilie umfasst den Kleinstpottwal (*Kogia simus*), Zwergpottwal (*Kogia breviceps*) und den Pottwal (*Physeter catodon*), den größten der Zahnwale. Die drei Ozeanarten ernähren sich vornehmlich von Kalmaren. Abgesehen von der spermazetgefüllten Melone ist eine der wichtigsten Gemeinsamkeiten das Fehlen von Zähnen im Oberkiefer.

Familie

Kleinpottwale

Kogiidae – 2 Arten

Zwergpottwal – *Kogia breviceps* *

Kleinstpottwal – *Kogia simus*

Familie

Pottwale

Physeteridae – 1 Art

Pottwal – *Physeter catodon* *

Überfamilie

Delfinartige
Delphinoidea

Hierunter fallen die unterschiedlichsten Mitglieder. So gehören allein zur Delphinidae-Familie der kleine und sehr seltene Hectordelfin (*Cephalorhynchus hectori*) sowie der Schwertwal (*Orcinus orca*), der größte und am weitesten verbreitete Delfin. Manche bewohnen Küsten, andere Mündungen und Flüsse wie der Amazonas-Sotalia (*Sotalia fluviatilis*) oder das offene Meer wie Glattdelfine (*Lissodelphis peronii* und *L. borealis*). Tintenfische stellen die Hauptbeute von Grindwalen (*Globicephala melas* und *G. macrorhynchus*) und Rundkopfdelfinen (*Grampus griseus*), die meisten anderen bevorzugen Fische.

Familie

Delfine

Delphinidae – 35 Arten

Unterfamilie

Schwarz-Weiß-Delfine

Cephalorhynchinae

Commersondelfin
Cephalorhynchus commersonii *

Weißbauchdelfin
Cephalorhynchus eutropia

Heavisidedelfin
Cephalorhynchus heavisidii

Hectordelfin
Cephalorhynchus hectori *

Unterfamilie

Eigentliche Delfine

Delphininae

langschnäuziger Gemeiner Delfin
Delphinus capensis *

Gemeiner Delfin – *Delphinus delphis**

Borneodelfin – *Lagenodelphis hosei*

Weißseitendelfin – *Lagenorhynchus acutus*

Weißschnauzendelfin – *Lagenorhynchus albirostris*

Pealedelfin – *Lagenorhynchus australis*

Stundenglasdelfin – *Lagenorhynchus cruciger*

Weißstreifendelfin – *Lagenorhynchus obliquidens* *

Schwarzdelfin – *Lagenorhynchus obscurus* *

Schlankdelfin – *Stenella attenuata* *

Clymenedelfin – *Stenella clymene*

Blau-Weißer Delfin – *Stenella coeruleoalba* *

Zügeldelfin – *Stenella frontalis* *

Spinnerdelfin – *Stenella longirostris* *

Indopazifischer Großer Tümmler
Tursiops aduncus

Großer Tümmler – *Tursiops truncatus* *

Unterfamilie

Schwert- und Grindwale

Globicephalinae

Zwerggrindwal – *Feresa attenuata*

Indischer Grindwal
Globicephala macrorhynchus *

Gewöhnlicher Grindwal – *Globicephala melas*

Rundkopfdelfin – *Grampus griseus* *

Schwertwal – *Orcinus orca* *

Breitschnabeldelfin – *Peponocephala electra* *

Kleiner Schwertwal – *Pseudorca crassidens* *

Unterfamilie

Glattdelfine

Lissodelphinae

Nördlicher Glattdelfin – *Lissodelphis borealis*

Südlicher Glattdelfin – *Lissodelphis peronii* *

Unterfamilie

Irawadidelfine

Orcaellinae

Irawadidelfin – *Orcaella brevirostris* *

Australischer Stupsfinnendelfin
Orcaella heinsohni

Unterfamilie

Rauzahn- und Langschnabel-Delfine

Steninae

Amazonas-Sotalia – *Sotalia fluvialitis*

Chinesischer Weißer Delfin – *Sousa chinensis*

Kamerunfluss-Delfin – *Sousa teuszii* *

Rauzahndelfin – *Steno bredanensis* *

Familie

Gründelwale

Monodontidae – 2 Arten

Unterfamilie

Weißwale

Delphinapterinae

Beluga – *Delphinapterus leucas* *

Unterfamilie

Narwale

Monodontinae

Narwal – *Monodon monoceros* *

Familie

Schweinswale

Phocoenidae – 6 Arten

Unterfamilie

Phocoenoidinae

Brillenschweinswal – *Australophocaena dioptrica*

Dall-Hafenschweinswal – *Phocoenoides dalli* *

Unterfamilie

Phocoeninae

Indischer Schweinswal
Neophocaena phocaenoides *

Schweinswal – *Phocoena phocoena* *

Hafenschweinswal – *Phocoena sinus*

Burmeister-Schweinswal – *Phocoena spinipinnis*

Klasse Säugetiere
Ordnung Waltiere (Cetacea)
Unterordnung **Bartenwale** (Mysticeti)

4 Familien, 6 Gattungen, 15 Arten

* hierin beschriebene Arten

Familie

Grauwale
Eschrichtiidae

Nicht nur seine »verkrustete« Oberfläche, auch die eigenartige Physiognomie ist alles andere als waltypisch. Er kommt ausschließlich im Nordpazifik vor, lebt größtenteils in Küstengewässern und ist einer der Wale mit den längsten Wanderungen. Obwohl die Art gegen Ende des vorletzten Jahrhunderts praktisch ausgerottet war, ist sie heute die einzige, die sich wieder gut erholt hat.

1 Art

Grauwal
Eschrichtius robustus *

Familie

Zwergglattwale
Neobalaenidae

Ursprünglich zählte der Zwergglattwal zur Familie der Glattwale (Balaenidae). Neueste Studien belegen jedoch deutliche Unterschiede, die die Einordnung in eine eigene Familie rechtfertigen. Interessanterweise steht er Grau- und Furchenwalen genetisch näher als Glattwalen.

1 Art

Zwergglattwal
Caperea marginata *

Familie

Glattwale
Balaenidae

In der kollektiven Vorstellung ist der Glattwal der Wal schlechthin: Riesenmaul mit enormen Barten, massiger Körper ohne Finne, behäbiger Schwimmer. Auch war er der »richtige« Wal, da er anders als Furchenwale nach dem Harpunieren nicht versank. Die imposanten Tiere können ein Gewicht von 100 t erreichen. Unermüdlich ziehen sie durch die Ozeane, um Nahrung »abzuschöpfen«. Die drei Arten der Nordhalbkugel sind aufgrund unzureichender Schutzbestimmungen vom Aussterben bedroht.

4 Arten

Grönlandwal
Balaena mysticetus *
Südkaper
Eubalaena australis *
Atlantischer Nordkaper
Eubalaena glacialis *
Pazifischer Nordkaper
Eubalaena japonica *

Familie

Furchenwale
Balaenopteridae

Sie gelten als die »Windhunde« der Meere und sind an ihrer schlanken, für Schnelligkeit geschaffenen Gestalt zu erkennen. Sie »schluckfiltern« ihre Nahrung. Diese Fresstechnik wird durch die Kehlfurchen unterstützt, lange ziehharmonikaartige Falten von der Kehle bis zur vorderen Bauchhälfte. Unter der Wirkung des Wasserdrucks dehnen sie sich aus, sodass der Wal mit einem Schluck ungeheure Mengen nahrungshaltiges Wasser aufnehmen kann.

9 Arten

Blauwal – *Balaenoptera musculus* *
Finnwal – *Balaenoptera physalus* *
Omurawal – *Balaenoptera omurai* *
Seiwal – *Balaenoptera borealis* *
Brydewal – *Balaenoptera brydei* *
Edenwal – *Balaenoptera edeni* *
Nördlicher Zwergwal
Balaenoptera acutorostrata *
Südlicher Zwergwal
Balaenoptera bonaerensis *
Buckelwal – *Megaptera novaeangliae* *

Biologie der Waltiere

Farbe und Zeichnung

Bei den meisten Walen und Delfinen – den Cetaceen – ist der Rücken dunkel und der Bauch hell gefärbt, wobei die Nuancen je nach Dichte des Pigments Melanin in der Oberhaut variieren. Diese sogenannte Gegenschattierung dient der Tarnung: Von oben gesehen ist der dunkle Rücken gegen den dunklen Meeresgrund nicht auszumachen, von unten gesehen verschmilzt der helle Bauch mit der hellen Oberfläche.

Jede Art besitzt insbesondere an den Flanken oft eine typische Zeichnung, die nicht nur ihresgleichen als optisches Erkennungsmerkmal dient, sondern auch dem Beobachter die Bestimmung erleichtert.

Ⓐ Cape (dunkelgrau), Ⓑ Flamme (hell, sichelförmig), Ⓒ Seitenstreifen (mittelgrau mit hellen Flecken), Ⓓ Bauchseite (hellgrau mit dunklen Flecken).

Bei manchen Arten, etwa beim Orca, können Individuen an einer Sattelzeichnung hinter der Rückenfinne unterschieden werden.

Die wichtigsten Organe eines Großen Tümmlers

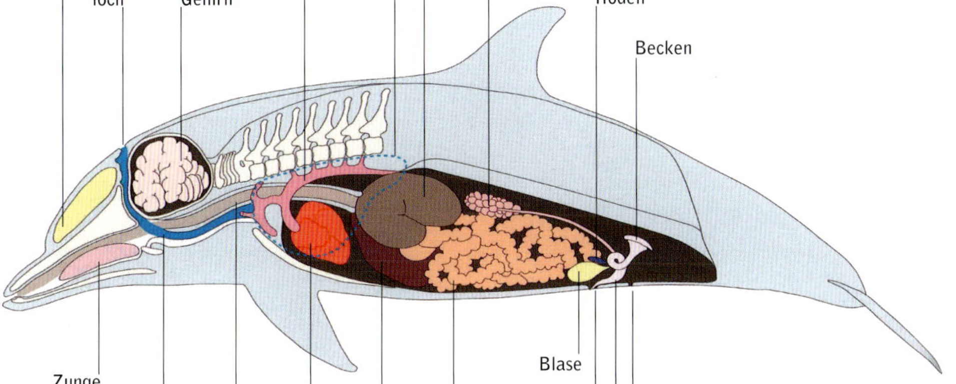

Die wichtigsten Organe eines Glattwals

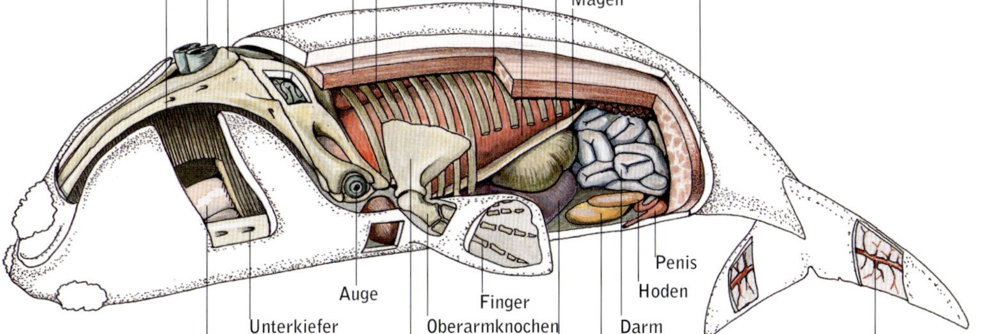

Leben im Wasser

Die Eroberung der Ozeane

Vor 55 Millionen Jahren ließ der ansteigende Meeresspiegel die Landflächen der Erde schrumpfen. Es herrschte ein harter Konkurrenzkampf. Der landlebende, etwa hasengroße, vierbeinige Vorfahr der Cetaceen, *Diacodexis*, wurde von besser ausgestatteten Raubtieren in die Ufergebiete gedrängt. Um zu überleben, wich er ins Meer aus, was jedoch einige Anpassungen notwendig machte.

Der gleichwarme Vierbeiner ist Lungenatmer, trägt seine Jungen aus und säugt sie, kommuniziert mit seinesgleichen und verfügt über eine gewisse Sozialstruktur. Zur Fortbewegung im Wasser, dessen Dichte 800 Mal größer ist als die von Luft, übernimmt er die stromlinienförmige Gestalt der Fische. Seine Extremitäten, durch den hydrostatischen Auftrieb überflüssig geworden, bilden sich zu Flossen um. Den erhöhten Stoffwechsel behält er bei, indem er weiterhin über die Lunge atmet, denn der Sauerstoffgehalt (21 %) von Luft ist 30 Mal höher als der von Wasser. Er muss lernen, beim Schwimmen zu atmen, sich schnell fortzubewegen und ohne Gefahr einer Gasembolie zu tauchen. Hören, sehen, jagen und sich verständigen – all das geschieht im Wasser, einem Medium, in dem die Sicht schlechter ist, sich Schall aber fünfmal schneller fortpflanzt als in der Luft. Die Körpertemperatur hält er bei gleichzeitig deutlich höherem Kalorienverlust konstant. Neugeborene müssen rasch in ihrer Umgebung zurechtkommen und schneller eigenständig sein. Die Schlafgewohnheiten sind einer Umgebung anzupassen, in der die Notwendigkeit zum Atmen an der Oberfläche ein Dauerrisiko darstellt. Kurzum, er muss sich in einer anderen Welt mit eigenen Gesetzen, Einschränkungen und Gefahren zurechtfinden. Über mehrere Jahrmillionen erkunden seine Nachfahren verschiedene Wege, bis schließlich die heutigen Wale und Delfine (Cetaceen) entstehen.

Angepasster Antrieb

Fische können ständig unter Wasser bleiben und bildeten als Antrieb in der Horizontalen eine vertikale Schwanzflosse aus, die sie

Fische besitzen eine vertikale Schwanzflosse.

Die Fluke von Walen und Delfinen steht quer, da sie zum Atmen an die Oberfläche müssen.

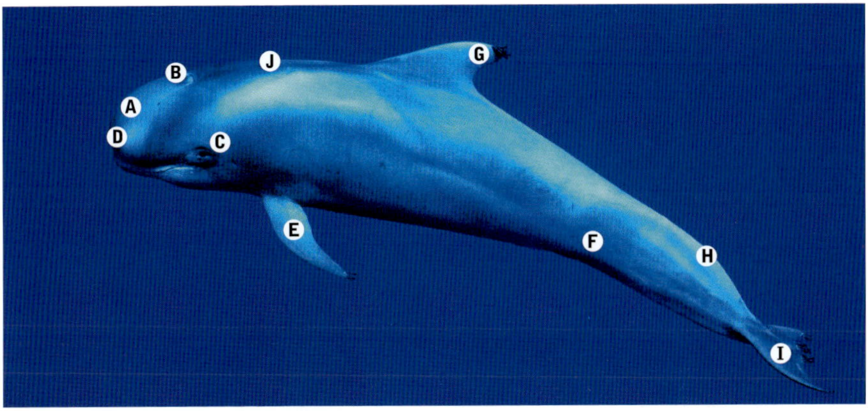

A Melone B Blasloch C Auge D Schnabel (Rostrum) E Flipper F Schwanzstiel G Finne H oberer Kiel (der untere fehlt hier) I Fluke J zügelartige Zeichnung

hin und her schlagen. Anders bei Walen und Delfinen.

Effiziente Schwimmtechnik

Cetaceen bewegen sich vornehmlich in vertikaler Richtung, da sie zum Atmen regelmäßig an die Oberfläche müssen. Sie entwickelten daher eine quer stehende Schwanzflosse (Fluke), die sie mithilfe von Muskeln beiderseits der Wirbelsäule bewegen. In der aktiven Schwimmphase ziehen die beiden oberen, kräftigeren Muskeln durch Kontraktion die Fluke nach oben. In der neutralen Schwimmphase ziehen die unteren Muskeln sie wieder nach unten und der Zyklus beginnt von Neuem.

Die aus faserverstärktem Gewebe bestehende Fluke hat, ähnlich wie ein Flugzeugtragflügel, eine abgerundete Vorderkante und wird nach hinten flacher. Dennoch erzeugt sie hinter sich einen Widerstand, eine Unterdruckzone, die den Wal abbremst. Allerdings besitzt er eine Fähigkeit, die Flugzeugen mit metallenen Tragflächen und Rumpf fehlt.

Der Aufwärtsschlag erzeugt unter der Fluke ein Vakuum, in das das Wasser hineinschießt. Dieser Nachteil wird sofort ausgeglichen, da sich durch den aufgrund des Vakuums entstehenden Sog die Flukenseiten leicht nach unten wölben und so den Unterdruck nach hinten kanalisieren. Das am Körper vorbeiströmende Wasser schießt in diesen Unterdruckbereich, um ihn zu neutralisieren und sorgt gleichzeitig für eine Beschleunigung des Körpers, indem es ihn wegen des in der Umgebung der Haut erzeugten Vakuums buchstäblich nach vorne »zieht«. Ist die Aufwärtsbewegung beendet, ziehen die unteren Muskeln die Fluke wieder in die Tiefstellung. Ihre Enden wölben sich nach oben und lenken so die Strömung

weiterhin nach hinten. Die Antriebsdynamik wird nicht unterbrochen. Während dieses Zyklus vollführt der Schwanzstiel mit den kräftigen, an der Wirbelsäule befestigten Muskeln dieselben Auf- und Abbewegungen in Übereinstimmung mit der Fluke. Die Strömung wird also nie behindert.
Die Brustflossen (Flipper) sind nicht direkt an der Fortbewegung beteiligt, sondern dienen der Stabilisierung und Navigation. Die Rückenflosse (Finne) fungiert als Stabilisator, wenngleich sie bei manchen Arten fehlt, wie etwa beim Indischen Schweinswal oder bei Glattwalen.

Ideale Gestalt

Zur Leistungssteigerung veränderten Cetaceen ihr Erscheinungsbild. Das Haarkleid ging verloren, die zum Laufen nicht mehr benötigten Vordergliedmaßen bildeten sich zu Brustflossen um. Die hinteren Extremitäten verschwanden bis auf ein paar rudimentäre Knochen. Die äußeren Teile der Geschlechtsorgane und die Milchdrüsen sind in Hautfalten des Bauchs verborgen. Das äußere Ohr ist gänzlich verschwunden. Ebenso der Hals, sodass Körper und Kopf fließend ineinander übergehen. Vor allem die Haut entwickelte erstaunliche Eigenschaften.

Reaktive Haut

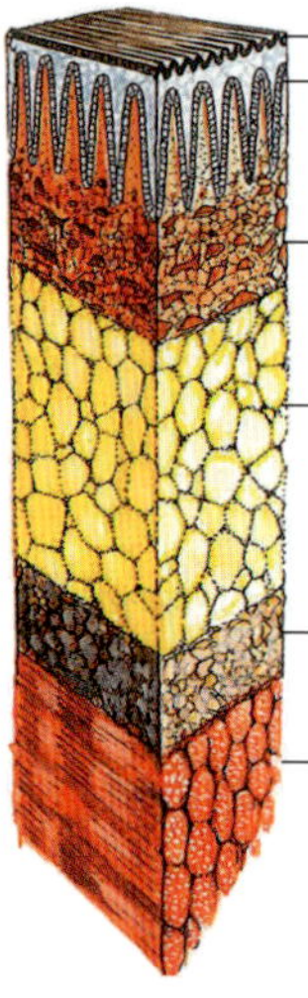

Um schneller voranzukommen, springen Delfine beim Schwimmen mit flachen Sprüngen übers Wasser.

Ein Großer Tümmler erreicht Geschwindigkeiten von 45 km/h. Dagegen schafft eine naturgetreue Nachbildung mit entsprechend leistungsstarkem Motor in der Versuchsanstalt kaum 20 km/h. Den Grund hierfür sehen Forscher in der Struktur der Delfinhaut.

Bewegt sich ein Körper im Wasser, entstehen mit steigender Geschwindigkeit infolge der Reibung mit den umgebenden Wassermolekülen Turbulenzen. Ohne ihre speziellen Hautanpassungen würden Wale und Delfine durch diesen Widerstand abgebremst. Doch sie gleichen die Turbulenzen aus, indem sie feine Hautrillen erzeugen. Ihre Haut ist mit zahlreichen Rezeptoren ausgestattet, die bei Fortbewegung Signale an die umliegenden Zellen senden. Kleine, von der Oberhaut abgesonderte Öltröpfchen erhöhen die Gleitfähigkeit im Wasser zusätzlich.

Da Wasser eine 800-fach höhere Dichte besitzt als Luft, springen Delfine beim Schwimmen bisweilen in flachen Sprüngen übers Wasser, um schneller vorwärtszukommen. Wale sind zu massig für diese Form der Fortbewegung.

Atmen und Tauchen

Cetaceen atmen durch ein Blasloch (paarig bei Bartenwalen, unpaarig bei Zahnwalen), das sie mithilfe von Muskeln öffnen und schließen. Seine Lage oberhalb der Melone ermöglicht es ihnen, beim Schwimmen zu atmen und gleichzeitig das Geschehen unter Wasser im Blick zu behalten.

Zahnwale besitzen ein unpaariges, Bartenwale ein paariges Blasloch.

Zum Schließen des Blaslochs dienen kräftige Muskeln sowie ein System aus »Luftsäcken« neben dem Nasengang. Während die Atmung beim Menschen instinktiv geschieht, wird sie von Cetaceen willentlich gesteuert. Luft- und Speiseröhre sind voneinander getrennt, sodass sich der Wal nicht verschlucken kann. Die Luftröhre endet im Blaslochkanal am gänseschnabelförmigen Kehlkopf, der eine Art Rückschlagventil darstellt. Dank der Trennung von Nahrungsaufnahme und Atmung sind Wale und Delfine in der Lage, beim Tauchen zu fressen, ohne zu ertrinken. Können sie aus irgendeinem Grund nicht mehr an die Oberfläche zum Atmen, ertrinken sie nicht, sondern ersticken. Denn sie haben keinen Atemreflex – anders als der Mensch, der beim Atmen dann Wasser in die Lunge bekäme.

Beim Ausatmen öffnet sich das Blasloch teilweise, beim Einatmen ganz. Das Ausatmen geht geräuschvoll vonstatten und dieser sogenannte »Blas« ist je nach Art mehr oder minder sichtbar. Er ist bei allen Cetaceen vertikal, bis auf eine Ausnahme: Beim Pottwal tritt er im 45°-Winkel nach links vorn aus.

Der Blas des Buckelwals ist hoch und gerade, der des Glattwals v-förmig.

Die Lunge ist länglich und sehr elastisch. Sie liegt auf dem Zwerchfell, das länger und horizontaler ausgerichtet ist als bei anderen Säugetieren. Durch Kontraktion des Zwerchfells können Wale ihre Lunge deshalb effizienter leeren. Der Brustkorb ist elastisch, da die ersten Rippen nicht am Brustbein befestigt sind. Beim Tauchen wird die Luft in die benachbarten Atemwege gepresst, und die Lunge wird ausgeschaltet, um „Dekompressionsunfälle" zu verhindern. Durch Gefäßverengung werden bestimmte Organe wie Verdauungsorgane nicht mehr mit Blut versorgt, sondern nur noch Herz, Gehirn und andere lebenswichtige Organe.

Die richtige Temperatur

Als gleichwarme Säugetiere müssen Wale und Delfine eine Körpertemperatur von etwa 36 °C halten. Sie besitzen kein Haarkleid und sind zum Teil sehr niedrigen Temperaturen ausgesetzt, und zwar in einem Lebensraum, in dem die Wärmeleitfähigkeit um das 27-Fache höher ist als in der Luft. Zum Schutz vor Kälte als auch vor übermäßiger Hitze bei großer Anstrengung verfügen sie über eine Reihe von Anpassungen.

Erhöhter Stoffwechsel: Dieser wird ermöglicht durch eine effizientere Ausnutzung der Atmung (bei jedem Einatmen erneuert der Wal 80 bis 90 % der Luft, der Mensch nur 10 bis 15 %), ein größeres Blutvolumen und einen höheren Hämoglobinspiegel.

Angepasste Gestalt: Der Körper von Cetaceen besteht aus zwei konischen Formen, die auf Höhe der ersten Halswirbel zusammengefügt sind. Das Verhältnis von Oberfläche zu Volumen ist bei Meeressäugern dank der Stromlinienform erheblich kleiner als bei Landsäugern. Im Vergleich zu seinem Gewicht ist die Oberfläche eines großen Wals relativ klein, sodass er der Kälte zehnmal weniger ausgesetzt ist als ein kleiner Delfin.

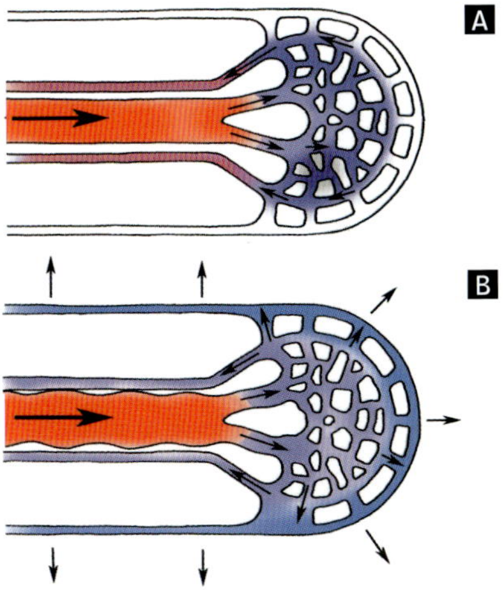

Wärmeregulierung von Flipper, Finne und Fluke (geringe Fettisolierung):

A Die Außentemperatur ist niedrig. Die peripheren Venen verengen sich (Vasokonstriktion), um die Temperatur im inneren Arterienkreislauf aufrechtzuerhalten.

B Die Körpertemperatur steigt. Die Venen erweitern sich (Vasodilatation), sodass das Blut überschüssige Hitze nach außen abgeben kann.

Ein langsamer Atemrhythmus (1 bis 4 Mal pro Minute, beim Menschen 10 bis 15 Mal) begrenzt die Ausatmung von warmer Luft und führt zu einer beträchtlichen Energieersparnis.

Eine dicke Fettschicht (Blubber) dient der Wärmeisolierung. Sie ist von Arterien durchzogen, die sie erwärmen und überschüssige Hitze an das Umgebungswasser abführen.

Die Gefäßregulierung (Thermoregulation) erlaubt eine Anpassung des Blutkreislaufs an die Umgebungstemperatur, die von 0 °C am Packeis bis zu 30 °C in Äquatornähe reichen kann. Die Arterien, die die nicht isolierten Körperteile (Flipper, Finne, Fluke) mit Sauerstoff versorgen, sind von einem dichten Venennetz umgeben, durch das das Blut zurückfließt. Das enge Beieinanderliegen von warmem Zufluss und kaltem Rückfluss ermöglicht einen Wärmeaustausch: Das Arterienblut kühlt in Venennähe auf dem Weg zu den Extremitäten leicht ab, während sich das abgekühlte Blut in den Venen erwärmt. Das vermeidet unnötige Wärmeverluste und schont den Stoffwechsel. Dieser Regulierungsmechanismus wird vom Nervensystem nach Bedarf angepasst. Durch Gefäßverengung beziehungsweise Gefäßerweiterung wird der jeweils gewünschte »Betriebsmodus« unterstützt: Schwimmen, Ruhen, Schlafen, Jagen, Tauchen etc.

Um seinen Organismus abzukühlen, hält der Glattwal seine Fluke lange in den Wind.

Nahrungsaufnahme

Wale und Delfine befinden sich auf der obersten Nahrungsstufe und sind daher Fleischfresser. Jede Art sucht mit der ihr eigenen Methode in unterschiedlicher Tiefe nach Beute, manche in Küstennähe, andere auf dem offenen Meer.

Beute

Die meisten Zahnwale bevorzugen Fisch als Nahrung und werden im Fachjargon daher als ichthyophag bezeichnet. Teutophage Arten ernähren sich von Tintenfischen (Kalmare, Sepien, Kraken) und umfassen Pottwale, bestimmte Schnabelwale, Grindwale und Rundkopfdelfine, also alles Jäger der »Tiefe«. Mit Ausnahme bestimmter fischfressender sesshafter Populationen jagen Orcas gleichwarme Tiere, wie Robben (Seehunde, Seelöwen etc.) und Cetaceen in allen Größen: von kleinen Schweinswalen bis über 100 t schwere Blauwale.

Delfine bei der gemeinsamen Sardinenjagd vor Südafrika.

Zähne

Zahnwale haben ein sogenanntes homodontes Gebiss. Es besteht aus identischen, konischen Zähnen, die einzig und allein dem Fang von Beute dienen. Mit Ausnahme weniger Flussdelfine, die auch über Mahlzähne verfügen, zerkleinern Zahnwale ihre Nahrung nicht.

Teutophage Arten besitzen weniger Zähne als ichthyophage. Pottwale und Rundkopfdelfine sind nur im Unterkiefer mit Zähnen ausgestattet. Bei Schnabelwalen verfügt einzig der Shepherd-Wal über Zähne im Oberkiefer. Der männliche Narwal hat im Oberkiefer lediglich zwei: Der rechte Zahn misst 20 cm, der linke erreicht 2,5 m und wiegt 10 kg.

Fischfresser sind in dieser Hinsicht mit bis zu 150 Zähnen besser ausgerüstet. Zahlreiche spitze Zähne und Schnelligkeit machen den Fischfang für kleine Delfine leichter.

Dank seiner zahlreichen spitzen Zähne kann ein Delfin leicht einzelne Beutetiere fangen.

Barten

Bartenwale verfügen über ein raffiniertes Filtersystem aus Barten. Die im Zahnfleisch des Oberkiefers verankerten Platten bestehen aus Keratin, einem Material, das auch in unseren Nägeln vorkommt, und besitzen, ähnlich wie die Flossen, eine gerundete Vorderkante. Die Hinterkante in der Mundhöhle bildet ein Fransengestrüpp, in dem sich die Nahrung verfängt.

Anzahl, Größe und Farbe der Barten sind artenabhängig. Bei Grönlandwalen erreichen sie bisweilen über 4 m Länge, bei Zwergwalen maximal 20 cm.

Das geöffnete Maul dieses Glattwals lässt die Barten erkennen.

Nahrungsaufnahme der Bartenwale

Während Delfine einzelne Beutetiere von beachtlicher Größe jagen, bevorzugen Bartenwale kleine Beute, dafür in ungeheuren Mengen. Ihre Hauptnahrung bildet

Zooplankton, also tierisches Plankton wie z. B. Krebstiere, Mollusken, Eier, Larven (das oft mit pflanzlichem Plankton, dem Phytoplankton, vermischt ist). Bartenwale ernähren sich überwiegend von unterschiedlichen Krebstieren, wie Ruderfußkrebsen und Krill, einer Art Garnele, die in kalten

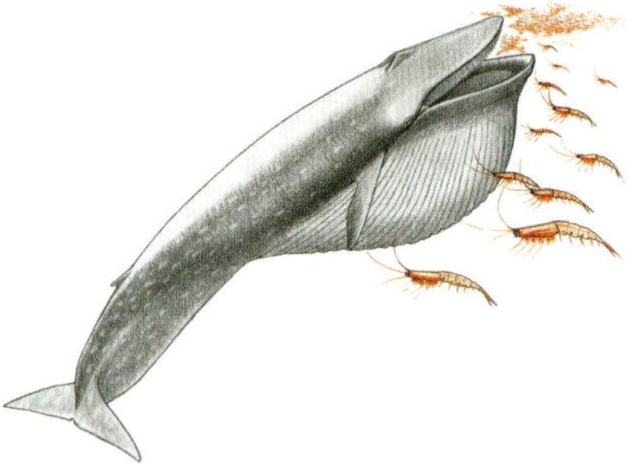

Ein Blauwal auf Krillfang mit ausgedehntem Kehlsack.

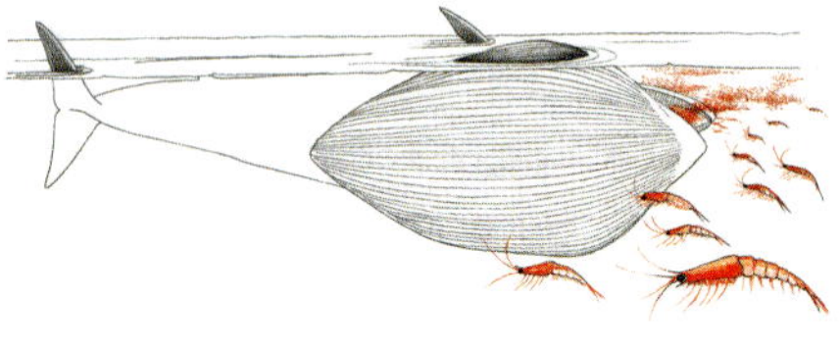

Gewässern lebt und von Blau- und Finnwalen in der Antarktis in großen Mengen verzehrt wird.

Glattwale »schöpffiltern« ihre Nahrung. Dabei schwimmen sie mit geöffnetem Maul gemächlich an der Oberfläche und schöpfen Plankton ab. Nahrungsreiches Wasser strömt durch die Öffnung vorn zwischen den beiden Bartenreihen ins Maul. Dann schließt der Wal das Maul, drückt das Wasser mit der Zunge

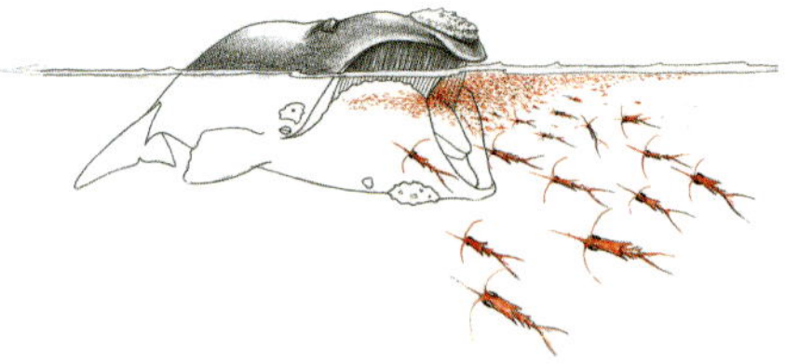

Glattwale »schöpffiltern« ihre Beute, planktonische Krebstiere, an der Oberfläche aus dem Wasser.

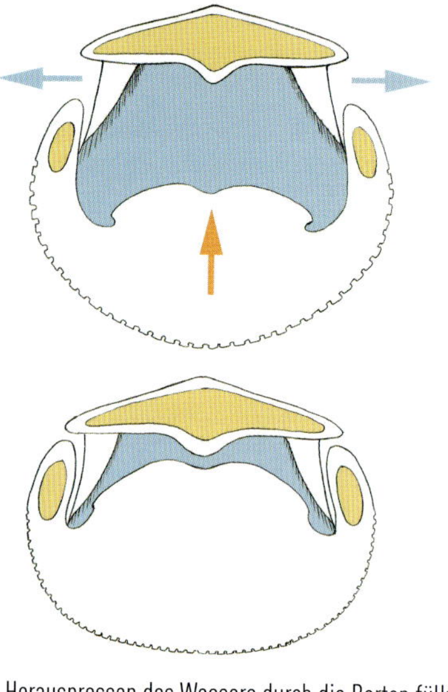

Beim Herauspressen des Wassers durch die Barten füllt die Zunge fast die gesamte Mundhöhle aus. Die Beute bleibt an der Innenseite der Barten hängen.

durch das dichte Fasersieb der Barten hinaus und schluckt die feste Beute ab.

Furchenwale »schluckfiltern«. Dabei stoßen sie mit aufgesperrtem Maul ins Plankton. Durch den Strömungsdruck im Maul entfaltet sich der bis zum Bauch reichende Kehlsack, und der Wal kann nun ohne zusätzlichen Energieaufwand eine größere Beutemenge fangen. Das Wasser wird mit Muskelkraft und Zungendruck durch die Barten hinausgepresst. Die Nahrung bleibt übrig und wird verschluckt.

Bei der gemeinschaftlichen Jagd schließen Buckelwale (*Megaptera novaeangliae*) die Beutefische in einem zylinderförmigen Vorhang aus Luftblasen ein (*bubblenet feeding*).

Grauwale »pflügen« über den Meeresboden, um wirbellose Beutetiere aufzuwühlen.

Verdauung wie ein Wiederkäuer

Der Magen von Walen und Delfinen ist mit dem von Wiederkäuern vergleichbar. Die im Ganzen verschluckte Nahrung durchläuft mehrere Kammern. In der ersten wird sie zerkleinert und in der zweiten mit Säure und Magensäften für die eigentliche Verdauung durchsetzt, die in der dritten und größten Kammer vonstattengeht. Von dort geht es in die vierte Kammer, die mit Leber und Bauchspeicheldrüse verbunden ist. Im Darm, der zweieinhalb Mal so lang ist wie der menschliche, werden die Nährstoffe aufgenommen. Und schließlich werden die Abfallstoffe ausgeschieden.

Cetaceen leben in einer Umgebung, die einen höheren Salzgehalt aufweist als ihr eigener Organismus. Sie müssen – über den Weg des Urins – verhindern, dass sie, bedingt durch die Osmose, Körperflüssigkeit verlieren. Obwohl sie ihr Leben im Wasser verbringen, haben sie also paradoxerweise ständig gegen Dehydrierung anzukämpfen. Wale schwitzen nicht; deshalb besitzen sie riesige Nieren,

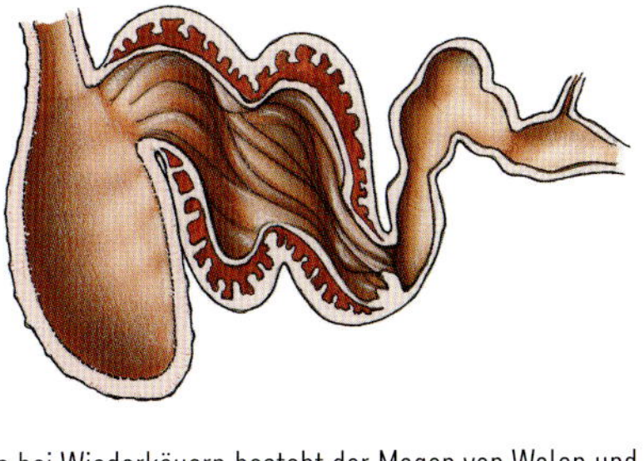

Wie bei Wiederkäuern besteht der Magen von Walen und Delfinen aus mehreren Kammern, in denen die Nahrung nacheinander zersetzt wird.

die aufgenommenes Meerwasser ständig entsalzen. Blauwale, die sich hauptsächlich von Krill ernähren, haben einen sehr hohen Mineralsalzgehalt, da Krill, anders als Fische, die die Salze eliminieren, sehr salzhaltig ist.

Die Sinne

Tastsinn

Cetaceen haben einen sehr feinen Tastsinn. Sie spüren Strömungen, Temperaturunterschiede und die Fortbewegung ihres Körpers im Wasser. Delfine sind meist gesellig und mögen Körperkontakt mit Artgenossen. Bei Walen ist er auf Mutter und Kind begrenzt. Die empfindlichsten Körperpartien sind Schnauzenspitze, Maul, Flipper und Bauch. Manche Wale, wie Grönland-, Grau- und Glattwale besitzen noch Tasthaare, die unter anderem zur Nahrungssuche auf dem Meeresgrund dienen.

Riechen und Schmecken

Landsäuger entwickelten in den oberen Atemwegen Geruchsrezeptoren, da Luft ein optimales Medium zum Transport von Düften ist. Wale und Delfine haben die Riechfähigkeit verloren, denn Wasser weist nur eine mäßige Zerstäubungsfähigkeit auf. Das Blasloch (die Nasenöffnungen), das sich nach jedem Atemzug schließt, fungiert nur noch als Sicherheitsventil zum Schutz der Lunge.

Der Geschmackssinn ist dagegen noch vorhanden, wie die Geschmacksknospen auf der Cetaceen-Zunge bezeugen. Und so hat jeder seine Leibspeise: Teutophage Lebewesen fressen fast nur Tintenfische, andere wechseln gern zwischen Kalmaren und Fisch.

Sehen

Ohne Tauchermaske sieht der Mensch unter Wasser nur verschwommen. Da der

Anders als die Nasenöffnungen der Landsäuger spielt das paarige Blasloch des Blauwals bei der Geruchswahrnehmung keine Rolle mehr.

Brechungsindex von Wasser höher ist als der von Luft, verursacht er eine Verschiebung des Bildes, das sich nicht mehr auf, sondern hinter der Netzhaut bildet. Dank ihrer kräftigen Augenmuskeln können Cetaceen die Augenlinse an die Umgebung anpassen.

Wale und Delfine besitzen keine Tränendrüsen und können daher nicht weinen. Zum Schutz der Augen vor dem aggressiven Salzwasser sondern spezielle Drüsen dicken, transparenten Schleim ab.

Taucher kennen das Phänomen: Wasser agiert wie ein Farbfilter. Rot verschwindet in 10 m Tiefe, Gelb in 30 m, in 50 m Tiefe ist

In der Spähstellung (*spyhopping*) kann der Grauwal seine Umgebung betrachten.

alles einheitlich grau und ab 400 m herrscht tiefstes Schwarz. Daher verfügen Cetaceen nur über eine geringe Anzahl von Zapfen, für das Wahrnehmen von Farben spezialisierte Sehzellen.

So, wie unsere beiden Ohren für das stereofone Hören unerlässlich sind, ermöglicht nur binokulares Sehen eine dreidimensionale Wahrnehmung der Welt. Bei den meisten Walen und Delfinen sitzen die Augen seitlich am Kopf, sodass sie monokular, also zweidimensional sehen. Sie betrachten etwas daher aus seitlicher Lage. Ihre Welt bliebe zweidimensional, hätten sie nicht einen weiteren Sinn entwickelt: die Echoorientierung.

Echoorientierung

Zahnwale (Odontoceti), wie beispielsweise Pottwale und Delfine, besitzen die

Dank kräftiger Augenmuskeln können Cetaceen, hier Grind- und Glattwal, ihre Augen an die Umgebung anpassen.

Fähigkeit zur Echopeilung. Dieses biologische Sonar (vom englischen ***S****ound* ***N****avigation* ***a****nd* ***R****anging* »Navigation und Entfernungsbestimmung mittels Schall«) funktioniert folgendermaßen:

- Über die Melone (Stirn) werden gebündelte »Klicklaute« im Ultraschallbereich ausgesandt, die zuvor mithilfe der beidseitig vom Blasloch sitzenden Luftsäcke erzeugt wurden.

- Die Schallwellen pflanzen sich im Wasser fort, bis sie auf ein Hindernis treffen, von dem sie zurückgeworfen werden.
- Die Schallreflexionen werden vom Tier mithilfe des »akustischen Fensters« im Unterkiefer über ein Fettgewebe erfasst und zu einer Membran neben dem Kiefergelenk weitergeleitet.
- Von hier gelangen die Schallwellen zu den Hörzellen im Innenohr, die den Schall verarbeiten und die Information über den Hörnerv zum Gehirn weiterleiten. Dort wird die Information in ein dreidimensionales Bild umgewandelt.

Die Frage, ob auch Bartenwale (Mysticeti) über Biosonar – eventuell in rudimentärer Form – verfügen, wird unter Experten heftig diskutiert. Manche vertreten die Ansicht, dass Furchenwale über das Aussenden tieffrequenter Töne Informationen über die Struktur des Meeresbodens oder das Vorhandensein von Beute erhalten. Grönland- und Glattwale sollen so die unter dem Packeis zurückzulegende Entfernung abschätzen können. Die kurzen Laute der Zwergwale könnten eine rudimentäre Form der Echoortung sein.

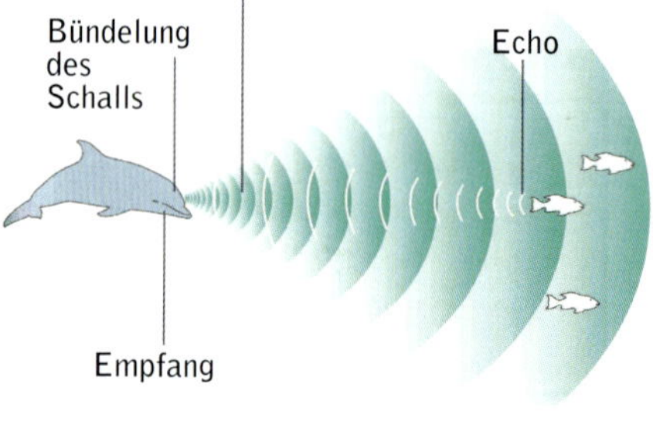

Hören

Im Meer herrscht ständiger Hintergrundlärm: Wellen, Milliarden Lebewesen in Bewegung, Schiffsverkehr. Im Wasser pflanzt sich Schall fünfmal schneller und über längere Entfernungen fort als in der Luft, sodass Cetaceen ihren Hörsinn anpassen mussten. Zunächst verschwanden die Ohrmuscheln, die Gänge enden in einer kleinen Öffnung hinter dem Auge.

In der Luft pflanzt sich Schall mit einer Geschwindigkeit von 330 m/s fort. Trifft er auf unseren Körper, der eine deutlich höhere Dichte besitzt als Luft, wird er von ihm reflektiert. Nur unser Trommelfell fängt die Schallwellen auf. Da sie mit einer Laufzeitdifferenz von etwa 1/2000 s unsere beiden Ohren erreichen, können wir räumlich hören (Stereofonie) und die Schallquelle orten.

Neugierig reagiert der Delfin auf das metallische Rasseln der Ankerkette.

Beim Tauchen füllen sich unsere Gehörgänge bis zum Trommelfell mit Wasser. Erreichen uns nun Schallwellen, verhält sich unser größtenteils aus Wasser bestehender Körper wie Wasser und reflektiert sie nicht mehr, sondern absorbiert sie und leitet sie über Gewebe und Schädelknochen direkt zu den Innenohren. Da diese bei uns nicht vom Schädelknochen isoliert sind, beträgt die Laufzeitdifferenz nur noch 1/10 000 s und ist somit zu kurz, um von unserem Gehirn registriert zu werden. Doch ohne räumliches Hören können wir die Geräuschquelle nicht orten.

Wale dagegen besitzen die Fähigkeit zum Richtungshören unter Wasser. Ihr Hörapparat befindet sich in einer knöchernen Ohrkapsel, die durch ein Fettschaumpolster mit Mikroluftblasen vom Schädel getrennt ist. Dieses Luftkissen (mit geringer Dichte) bildet eine Abschirmung und reflektiert den Schall, der über die Schädelknochen (hohe Dichte) übertragen wird. Die Ohren sind also voneinander isoliert, sodass ein von den Hörgängen erfasster Laut mit der notwendigen Laufzeitdifferenz wahrgenommen wird und das Gehirn den Ursprung orten kann.

Ohrknochen (*Bulla tympanica*) eines Glattwals: Er ermöglicht ihm räumliches Hören, da er die Ohren isoliert.

Wandernde und ortstreue Wale

Bartenwale unternehmen jahreszeitliche Wanderungen. Im Sommer ernähren sie sich in den kalten und nahrungsreichen Gebieten der hohen Breiten. Im Winter wandern sie mit Zunahme der Eisflächen in wärmere Gewässer, um sich fortzupflanzen.

Cuvier-Schnabelwale sind selten zu sehen, sodass wir nur wenig über ihr Verhalten wissen.

Anders die meisten Zahnwale, die nur über kürzere Strecken wandern. Bei den Belugas kennt man die Sommer-, aber nicht die Winterquartiere. Schnabelwale sind sehr weit verbreitet, doch aufgrund ihrer Lebensgewohnheiten selten zu sehen, sodass wir manche Arten nur von raren Strandungen kennen.

Besser bekannt ist der Pottwal. Weibchen und noch nicht geschlechtsreife Männchen verbringen das ganze Jahr in tropischen und gemäßigten Gewässern, während die Bullen im Sommer zur Futtersuche in hohe Breiten ziehen. Wenn der Winter naht, kehren sie zurück, um mit den Weibchen bis zum darauffolgenden Frühjahr einen Harem zu bilden.

Delfine sind Opportunisten, die ihrer bevorzugten Beute folgen, aber nur selten über lange Strecken. In Gebieten, die über ein konstantes Nahrungsangebot verfügen, gibt es ortstreue – oder residente – Populationen. So findet man beispielsweise vor den Azoren und den Kanarischen Inseln ganzjährig Indische Grindwale. Im Roten Meer und vor der brasilianischen Insel Fernando de Noronha leben ortstreue Spinnerdelfine. Nachts jagen sie, den Tag verbringen sie gemeinsam in geschützten Lagunen und Buchten.

Leben in der Gemeinschaft

Spinnerdelfine sind sehr gesellig.

Die Gruppe

Manche Zahnwale sind sozial lebende Tiere. Kleinere Arten, wie etwa Gemeine Delfine und Arten der Gattung *Stenella* organisieren sich zur gemeinsamen Jagd oder zur Verteidigung in Schulen. Bei größeren Spezies, wie beispielsweise Grind- und Schwertwalen oder Rundkopfdelfinen, findet man komplexe, häufig matriarchale Gesellschaftsstrukturen. Pottwale leben im abwechselnden Rhythmus der Fortpflanzung, bald im Harem, bald unter der Regie eines dominanten Weibchens. Bartenwale sind außerhalb der Paarungszeit und abgesehen von der Beziehung Mutter-Kind meist einzelgängerisch.

Die Gruppe bietet gewisse Vorteile. Erwachsene Mitglieder stellen sich einer Gefahr oder lenken die Aufmerksamkeit auf sich, um Jungtieren Deckung für den Rückzug zu geben. In alle Richtungen fliehende Delfine zwingen die Angreifer, sich ebenfalls aufzuteilen. Und schließlich erleichtert die Jagd im Team, zumal bei flinken Tieren, die Verfolgung der Beute.

Kommunikation

Cetaceen kommunizieren unaufhörlich. Die Körpersprache gehört bei Delfinen zum Alltag und besteht aus Zärtlichkeiten und Berührungen. Bei den eher einzelgängerischen Bartenwalen ist Körperkontakt selten, dafür »unterhalten« sie sich häufig, auch über große Entfernungen hinweg, mit ihren Lauten.
Eine weitere Form der Kommunikation sind Demonstrationen an der Oberfläche: Sprünge und Schläge mit der Fluke aufs Wasser sind

laut genug, damit selbst weit entfernte Artgenossen sie noch hören können.

Intelligenz

Delfine sind insofern intelligent, als sie bestimmte Situationen zu meistern wissen. In Delfinarien kann man ihnen »Kunststückchen« beibringen. Doch wenn man sie in freier Natur einfängt, sind sie nicht fähig zu begreifen, dass sie mit einem einfachen Sprung über das Fangnetz fliehen könnten.

Je anpassungsfähiger eine Art in freier Wildbahn ist, desto intelligenter ist sie. Orcas und Große Tümmler zählen zu den am weitesten entwickelten und daher am weitesten verbreiteten Arten. Weniger »fantasievolle« oder zu spezialisierte Arten sind bedroht und zeigen letzten Endes, dass das Überleben größtenteils vom Einfallsreichtum abhängt.

Als ehemaliger Militärdelfin sucht der ausgewilderte Jojo noch immer die Nähe von Menschen.

Einzelgänger

Ob durch Zufall oder pathologisch bedingt, Einzelgängertum ist bei den meist geselligen Delfinen anormal. Die Ursache für dieses Verhalten ist bislang ungeklärt. Einer Theorie zufolge werden sterile Tiere aus der Gemeinschaft ausgestoßen. Vermutungen

Der Einzelgängerdelfin Jean-Louis lebte an der bretonischen Küste.

über eine »Botschafterrolle« zwischen unserer Welt und der ihrigen gehören wohl eher ins Reich der Fantasie.
Die Wiederauswilderung ehemaliger Militärdelfine nach dem Ende des Kalten Krieges in Gewässern fernab ihrer Heimat erklärt heute nicht mehr das Verhalten mancher Individuen, zumeist Großer Tümmler, die anscheinend lieber die Nähe von Menschen als von ihresgleichen suchen. Erst Langzeitforschungen werden dieses Phänomen aufklären können.

Lebenszyklus

Cetaceen sind Säugetiere, wie wir Menschen: Als gleichwarme Tiere halten sie ihre Körpertemperatur konstant, die Weibchen tragen die Jungen aus, gebären, säugen und kümmern sich um sie, bis sie selbstständig sind. Der Unterschied besteht im aquatischen Lebensraum, der mit zahlreichen Einschränkungen verbunden ist.

Männchen oder Weibchen?

Anders als bei Landsäugern ist die Körperfärbung bei Cetaceen kein nützliches Kriterium zur Geschlechtsbestimmung. Da die Geschlechtsöffnungen in Hautfalten verborgen sind, ist es an der Oberfläche praktisch unmöglich, Männchen von Weibchen zu unterscheiden. Der Nabel befindet sich bei beiden in der Bauchmitte, der Anus weiter

Der weitere Abstand zwischen Genital- und Anusöffnung lässt erkennen, dass es sich bei diesem Delfin um ein Männchen handelt.

hinten. Dazwischen liegt die Genitalöffnung. Bei Männchen liegen Anus- und Geschlechtsöffnung deutlich auseinander, bei Weibchen dichter beisammen. Beidseitig der Genitalöffnung befinden sich beim Weibchen zwei kleine Zitzentaschen, die allerdings gelegentlich auch bei Männchen vorhanden sind.
Dennoch existiert mitunter ein deutlicher Geschlechtsdimorphismus:
Größe: Von einigen Ausnahmen abgesehen sind die männlichen Zahnwale größer als die Weibchen.
Bei den Bartenwalen sind die Weibchen, bedingt durch die Mutterschaft, fast immer größer als die Männchen.
Zähne: Der männliche Narwal besitzt einen Stoßzahn, der bis zu 2,5 m Länge erreichen kann.
Bei männlichen Schnabelwalen (Ziphiidae) sind die Zähne bei geschlossenem Maul sichtbar.
Silhouette: Die Finne eines Orca-Männchens ist gerade und ragt bis zu 1,80 m in die Höhe. Die des Weibchens ist gekrümmt und deutlich kleiner.

Geschlechtsorgane

Beim Weibchen ist nur der Genitalschlitz als unterer Teil der Vagina vom Geschlechtsapparat sichtbar. Der Penis des Männchens befindet sich in einer mit der Vorhaut vergleichbaren Hülle. Im Gegensatz zu anderen Säugetieren, bei denen eine Erektion durch Gefäßerweiterung entsteht, ist die Steifigkeit eines Cetaceenpenis auf sein elastisches Fasergewebe zurückzuführen, sodass er sich praktisch im Zustand einer Dauersteife befindet. Durch vorübergehende Lockerung zweier Rückhaltemuskeln tritt er

Der Penis eines Wals entspricht einem Zehntel seiner Körpergröße (hier Glattwale bei der Paarung).

aus dem Genitalschlitz hervor. Sobald die Paarung beendet ist, wird der Penis durch

Zwei Zügeldelfine bei einer Scheinpaarung.

Muskelkontraktion wieder in die Bauchhöhle zurückgezogen. Die Hoden sind länglich und eiförmig. Bei einem unreifen Delfin können sie ein paar Dutzend Gramm, bei einem Glattwal bis zu 500 kg wiegen.

Paarung

Ein Weibchen wird mit dem ersten Eisprung fortpflanzungsfähig. Die Empfängnisbereitschaft kann von jahreszeitlichen Ereignissen abhängen, wie beispielsweise von der Eisbildung im Lebensraum, den Wanderungen der Männchen bei Pottwalen oder von Perioden mit niedrigem Wasserstand bei Flussdelfinen. In gemäßigten oder tropischen Meeren sowie bei residenten Populationen sind die Zyklen weniger stark ausgeprägt, sodass sich die Geburten übers ganze Jahr verteilen.

Zahnwale verfolgen zwei Fortpflanzungsstrategien: Polygynie und Promiskuität. Polygyne Arten (etwa Grind- und Pottwale) weisen häufig einen deutlichen Geschlechtsdimorphismus und eine komplexe Sozialstruktur auf. Das Prinzip ist einfach: Ein Männchen befruchtet mehrere Weibchen, was gewöhnlich mit heftigen Rivalenkämpfen unter den Männchen einhergeht. Promiskuität bedeutet, dass beide Geschlechter sich mit mehreren Partnern paaren. Diese für große Gruppen typische Fortpflanzungsstrategie spiegelt das kollektive Bestreben der Arterhaltung wider und weniger das Bestreben des Individuums, die eigenen Gene weiterzugeben.

Jede Bartenwalart hat ihr eigenes »Rezept«, um den Nachkommen das beste Rüstzeug mitzugeben. Bei Grau- und Glattwalen findet die Selektion zwischen den Spermien unterschiedlicher Männchen im Uterus des Weibchens statt. Bei Furchenwalen einschließlich des Buckelwals kommt es zum Wettbewerb zwischen den Männchen, die sich zum Teil eindrucksvolle Kämpfe liefern.

Noch ist der kleine Delfin im schützenden Mutterleib. Das Leben, das ihn erwartet, wird nicht leicht in seinem ausschließlich aquatischen Lebensraum.

Tragzeit

Die Tragzeit dauert je nach Art 10 bis 16 Monate und ist wahrscheinlich jahreszeitenabhängig, damit die Geburt unter optimalen Bedingungen (Nahrung, Temperatur etc.) stattfinden kann.

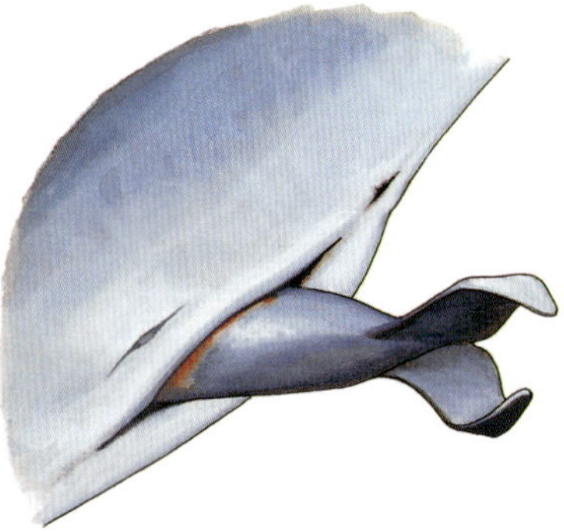

Im Meer geboren zu werden bedeutet einen jähen Wechsel vom angenehmen, 36 °C warmen Mutterleib ins bis zu 0 °C kalte Wasser.

Geburt

Um nicht zu ertrinken, verlassen Delfinbabys den Mutterleib zuerst mit der Fluke. Meistens sucht sich die angehende Mutter eine oder mehrere Helferinnen, sogenannte »Tanten«, für ihre neue Aufgabe.
Nach der Fluke des Kleinen erscheinen Flipper und Finne und entfalten sich. Die Nabelschnur reißt von allein. Nun trägt die Mutter das Neugeborene an die Oberfläche, damit es seinen ersten Atemzug machen kann. Bei Walen und Delfinen entspricht die Größe des Neugeborenen in etwa einem Drittel der Größe der Mutter. Eine Ausnahme bilden Schweinswale, deren Neugeborene etwa halb so groß sind wie ein erwachsenes Tier. Zum Vergleich: Beim Menschen entspräche dies einem Baby von über 80 cm Größe.

Erste Mahlzeiten

Dem Kleinen ist kalt. Instinktiv gleitet er unter den Bauch der Mutter. Da er jedoch keine Lippen besitzt, kann er nicht nuckeln. Mit der Schnauzenspitze stupst er an einen der beiden Säugeschlitze und öffnet das Maul. Durch Kontraktion der Muskulatur um die Milchdrüse spritzt die Mutter cremige Milch aus der Zitze. Nach ein paar Versuchen gelingt es dem Baby, die Zitze im Mundwinkel zu halten.
Dank der fettreichen Muttermilch (15 bis 45 % Fett je nach Art gegenüber 4 bis 5 % beim Menschen) wächst der Sprössling rasch heran. Innerhalb eines Jahres verdoppeln

Der kleine Pottwal stupst mit dem Kopf die Mutter an, um zu zeigen, dass er Hunger hat.

manche ihre Größe und erreichen das 6- bis 7-Fache ihres Gewichts. Mit 4 bis 5 Monaten werden sie von der Mutter allmählich an feste Nahrung gewöhnt.

Heranwachsen

Das Alter beim Eintritt der Geschlechtsreife

variiert je nach Art, es beträgt bei manchen 2 Jahre, bei anderen 20 Jahre und mehr. Generell sind kurzlebige Arten schneller reif als langlebige.
Bei Arten, deren Bestände durch Walfang dezimiert wurden, tritt die Geschlechtsreife früher ein, um die Verluste auszugleichen. Erforderliche Größe und Gewicht sind beim Eintritt der Reife jedoch unverändert, da der Schwund einer Population auch dazu führt, dass die vorhandene Nahrung auf weniger Tiere verteilt wird.

Die Überreste eines tot geborenen Grauwalbabys in Niederkalifornien.

Häufig sind robuste Arten auch am weitesten verbreitet, etwa Große Tümmler, Orcas, Pottwale und kleine pelagische Delfine. Umgekehrt sind Arten mit begrenzter Verbreitung am stärksten gefährdet, wie der Hectordelfin, der nur vor Neuseeland lebt. Werden beispielsweise in der Karibik 200 Große Tümmler brutal getötet, so ist der Weltbestand dadurch nicht gefährdet. Doch mit dem Verschwinden einiger Dutzend Chinesischer Flussdelfine in China ist die Spezies praktisch ausgestorben.

An der Fluke dieses Pottwals sind 4 Bissspuren von Orcas zu erkennen.

Sterblichkeit und Überlebenschancen

Cetaceen sind von Geburt an vielen Gefahren ausgesetzt. Ein altes Tier hat also ein gutes Immunsystem und weiß Gefahren zu meistern. Solche Individuen sind wichtig für die Arterhaltung. Eine ungünstige ökologische Nische, wie beispielsweise eine zu starke Nahrungsspezialisierung, eine zu große Abhängigkeit von der Umgebungstemperatur oder ein zu kleines Revier, wirkt sich nachteilig auf eine Spezies aus.

Krankheiten und Feinde

Auch Wale und Delfine leiden an säugetiertypischen Krankheiten. Infektionen und Parasiten können tödliche Folgen haben.
Orcas und große Haie stellen sowohl für kleine Delfine als auch für die gigantischen Wale unbestritten die gefährlichsten Feinde dar. Mit raffinierten Jagdstrategien erbeuten sie vor allem leichte, schwache, verletzte und kranke Tiere sowie Neugeborene.

Teil 1

Zahnwale
(Odontoceti)

Nördlicher Entenwal

Northern Bottlenose Whale

Hyperoodon ampullatus

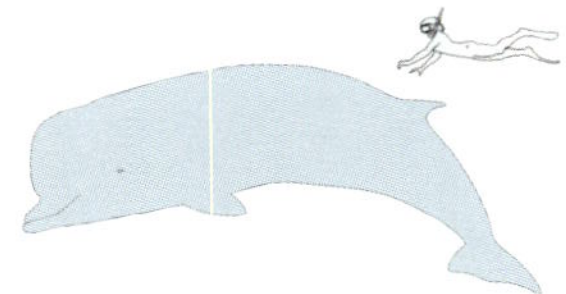

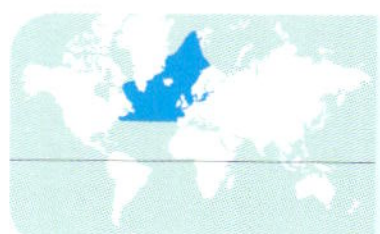

Namensherkunft

Von griech. *hyper* »oben« und *odon* »Zahn«. Die unrichtige Bezeichnung geht auf den Fund eines Schädels zurück, der im Unterkiefer keine und im Oberkiefer rudimentäre Zähne aufwies. Von lat. *ampulla* »Flasche« und *atus* »versehen mit«.

Beschreibung

Die Art besitzt eine knollige Stirn und einen ausgeprägten Schnabel. Männchen werden 10 m lang und über 4 t schwer.
Die Finne sitzt auf zwei Drittel Körperlänge. Sie ist sichelförmig, die Fluke konkav ohne Mittelkerbe. Die dunkelbraune Körperfärbung hellt im Alter manchmal auf. Im Unterkiefer sitzen 1 oder 2 Paar konischer Zähne, die bei älteren Männchen außen sichtbar sind.

Lebensweise

Habitat – Populationen

Nordatlantik: Im Sommer sind sie in arktischen und subarktischen Regionen zu finden, Anfang Herbst ziehen sie in niedrigere Breiten, manche überwintern an der Eisgrenze. Bis Anfang der 1960er-Jahre wurde die Art, insbesondere in Nordeuropa, bejagt. Heute scheint sie nicht bedroht zu sein.

Ernährung

Nördliche Entenwale können über eine Stunde lang tauchen, ihre Hauptspeise besteht daher vornehmlich aus Kalmaren. Im Magen gestrandeter Exemplare fand man auch Seesterne, Muscheln, Krebstiere und Steine, was vermuten lässt, dass sie auch am Meeresboden auf Nahrungssuche gehen (bis zu 1000 m Tiefe).

Sozialstruktur – Fortpflanzung

Sie bilden 5- bis 10-köpfige Gruppen, die nach Geschlecht und Alter getrennt sind. Je nach Ort und Jahreszeit leben die Männchen allein oder mit Weibchen und deren Nachwuchs.
Weibchen erreichen mit rund 11 Jahren die Geschlechtsreife, Männchen etwas früher. Die Paarungen finden von April bis Juni statt. Die Tragzeit dauert 1 Jahr, die Stillzeit mindestens 1 Jahr. Der Fortpflanzungszyklus beträgt 2 Jahre, die maximale Lebensdauer 40 Jahre.

Verhalten – Bestimmung

Erwachsene Tiere sind aufgrund ihrer Größe nicht mit anderen Schnabelwalen verwechselbar. Die imposante Stirn verrät sie, auch springen sie gern und nähern sich Booten.

Vor den Azoren springt ein Nördlicher Entenwal mehrmals aus dem Wasser.

Sowerby-Zweizahnwal

Sowerby's beaked whale
Mesoplodon bidens

Namensherkunft

Von griech. *mesos* »Mitte«, *ploe* »treibend« und *odontos* »Zahn«. Wörtlich: »in der Mitte treibender Zahn«. Von lat. *bis* »zwei« und *dens* »Zahn«.

Beschreibung

Länge bis zu 5 m (2 – 2,40 m bei Geburt). Fluke ohne Mittelkerbe, Finne spitz zulaufend. Braune bis dunkelgraue Färbung. Ein einziges Paar Zähne mittig auf dem Unterkiefer.

Lebensweise

Habitat – Populationen

Die Spezies war zunächst nur durch Strandungen im Nordatlantik bekannt. Im Osten des Atlantiks begegnet man ihr von Finnland bis zu den Azoren, im Westen von Neufundland bis Cape Hatteras in den USA.

Ernährung

Die reduzierte Anzahl von Zähnen ist kennzeichnend für Arten, die sich von Tintenfischen (Kalmaren, Sepien, Kraken etc.) und bestimmten bodenbewohnenden Fischen ernähren. Die Jagdgründe dürften diese Schnabelwale mit den drei Pottwalarten teilen.

Sozialstruktur – Fortpflanzung

Vor den Azoren beobachteten wir bisweilen 2- bis 10-köpfige Gruppen.

Nach einer Tragzeit von 1 Jahr erfolgt die Geburt anscheinend im Frühjahr, die Stillzeit beträgt mindestens 1 Jahr.

Verhalten – Bestimmung

Sie schnellen in flachen Sprüngen übers Wasser, dabei bleibt die Fluke unter Wasser, der Schnabel ist sichtbar. Verwechslungen mit anderen *Mesoplodon*-Arten, die dieselben Gebiete bewohnen, sind möglich: True-Wal (*M. mirus*), Gervais-Zweizahnwal (*M. europaeus*), Blainville-Schnabelwal (*M. densirostris*) sowie Cuvier-Schnabelwal (*Ziphius cavirostris*), der beim Abtauchen allerdings die Fluke aus dem Wasser hebt.

Zwei Sowerby-Zweizahnwale tauchen flüchtig auf und verschwinden sogleich wieder.

Amazonasdelfin

Boto

Inia geoffrensis

Namensherkunft

Als *Inia* bezeichnen die Guarayo-Indianer (Bolivien) diese Art. *Geoffrensis* bezieht sich auf Geoffroy Saint-Hilaire, einen französischen Biologen (1772–1844), der die ersten, später von Blainville identifizierten Fundstücke besaß. **Weitere Namen:** Boto, Inia.

Beschreibung

Mit bis zu 2,80 m Länge (70–80 cm bei Geburt) ist er der größte Flussdelfin. Männchen können ein Gewicht von 150 kg erreichen.
Der Kopf besitzt eine vorspringende Melone, winzige Augen und einen langen röhrenförmigen Schnabel. Ober- und Unterkiefer sind mit jeweils 48 bis 70 Zähnen ausgestattet, die – bei Zahnwalen einzigartig – vorn konisch und hinten als Mahlzähne ausgebildet sind. An der Schnabelspitze befinden sich steife Tasthaare. Die Flipper sind groß und kräftig, die Finne fehlt praktisch. Die konkave Fluke ist mittig gekerbt. Die Körperoberseite ist grau und wird zur Bauchseite hin rosafarben.

Lebensweise

Habitat – Populationen

Amazonas- und Orinokobecken und die Zuflüsse sowie in der Regenzeit die überschwemmten Gebiete, in denen sich die Tiere verstreuen. Die Art scheint relativ häufig zu sein, obwohl sie stellenweise bejagt und für Delfinarien gefangen wird.

Ernährung

Fische, Muscheln und Krebstiere. Auch mit zäher Beute kann er es dank seiner Mahlzähne aufnehmen, wobei die härtesten Stücke wieder hervorgewürgt werden. Sein schwaches Sehvermögen gleicht er durch ein ständig im Einsatz befindliches Ultraschall-Echoortungssystem aus. Mit den Tasthaaren spürt er im Boden vergrabene Beute auf. Die flexible Wirbelsäule verleiht ihm in seinem unwegsamen Lebensraum große Wendigkeit.

Sozialstruktur – Fortpflanzung

Er lebt jahreszeitenabhängig allein oder in kleinen Gruppen.

Die Tragzeit dauert 10 bis 12 Monate. Die Lebensdauer beträgt etwa 30 Jahre.

Verhalten – Bestimmung

Der eher scheue Amazonasdelfin zeigt über Wasser nur den Kopf und den dreieckigen Rückenhöcker, den er anstelle einer Finne besitzt. Sein Blas ist laut, aber kaum sichtbar. Er schnellt gelegentlich in flachen Sprüngen übers Wasser und vollführt hin und wieder Luftsprünge. Die einzige Art, mit der er verwechselt werden könnte, ist der Amazonas-Sotalia (*Sotalia fluviatilis*). Dieser ist jedoch kleiner, besitzt eine gut ausgebildete Finne und einen deutlich kürzeren Schnabel.

Chinesischer Flussdelfin

Baiji

Lipotes vexillifer

Namensherkunft

Von griech. *leipo* »zurückgelassen«, in Anspielung auf die extreme Abgeschiedenheit seines Lebensraums. Von lat. *vexillifer* »Fahne tragend«. Der chinesische Name *Baiji* bedeutet »weiße Fahne« und bezieht sich auf die Finne.

Beschreibung

Die Weibchen sind größer als die Männchen (2,50 m bzw. 2 m) und wiegen etwa 100 kg. Neugeborene messen 70–80 cm. Die Art besitzt einen gedrungenen Körper, eine steile Stirn und einen schmalen Schnabel. In Ober- und Unterkiefer befinden sich jeweils 62 bis 72 konische Zähne. Die winzigen Augen sind allem Anschein nach nicht mehr funktionstüchtig. Weitere Merkmale sind große, rundliche Flipper, eine kurze, dreieckige Finne und eine konkave Fluke mit Mittelkerbe.
Die Färbung ist dunkelgrau, zur Bauchseite hin heller.

Lebensweise

Habitat – Populationen

Baijis stehen zwar seit 1975 unter strengem Schutz. Doch ihr auf den Jangtse begrenzter Lebensraum wurde durch Dammbauten und Wasserkraftwerke so stark zerstückelt, dass der Bestand drastisch schrumpfte. Im November 2006 wurde die Art für ausgestorben erklärt. Einer jüngeren Schätzung zufolge soll es 50 Tiere in der Umgebung des Deltas geben. Um den Baiji zu retten, will China die restlichen Exemplare einfangen und in den Tian'ezhou-See nahe des Jangtse umsiedeln.

Ernährung

Fische gehören zur Hauptnahrung des Chinesischen Flussdelfins, der vor allem bei Sonnenauf- und Sonnenuntergang auf Jagd geht. Welse scheint er besonders zu mögen, er frisst aber auch Krebstiere und Muscheln.

Sozialstruktur – Fortpflanzung

Die wenig gesellige Art lebt allein oder in kleinen Gruppen. Während der Trockenzeit findet man sie im Flusslauf, zur Regenzeit auch in den überschwemmten Gebieten.
Die Tragzeit dauert 10 Monate. Ein Weibchen bekommt anscheinend alle 2 Jahre Nachwuchs. Die Stillzeit beträgt 1 Jahr, aber wahrscheinlich frisst der Kleine ab dem 2. Monat auch feste Nahrung.

Verhalten – Bestimmung

Baijis sind langsame Schwimmer, die beim Auftauchen nur Kopfoberseite und Finne zeigen. Ihr Blas ist laut und hochtönend. Die eher scheuen Tiere wagen sich nur selten dicht ans Ufer. Im Mündungsbereich können sie mit Indischen Schweinswalen (*Neophocaena phocaenoides*) verwechselt werden, die jedoch weder einen langen Schnabel noch eine Finne besitzen.

Gangesdelfin

Ganges river dolphin

Platanista gangetica

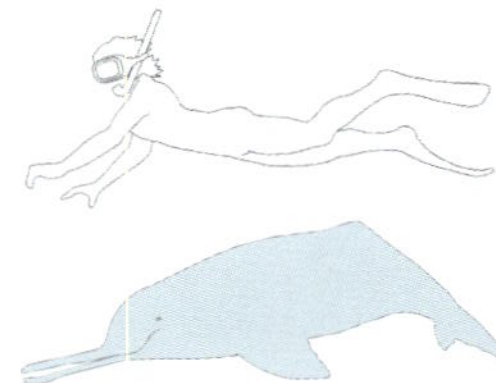

Namensherkunft

Mit dem Begriff *Platanistes* beschreibt der römische Gelehrte Plinius der Ältere in seiner *Naturalis historia* (Naturgeschichte) einen im Ganges lebenden »Fisch mit Delfinschnabel«. *Gangetica* bezieht sich auf einen der Ströme, in denen die Art lebt.

Beschreibung

Die Weibchen sind größer als die Männchen (2,50 m bzw. 2 m) und wiegen 80 kg.

Langer, spatelförmiger Schnabel (20 % der Gesamtkörperlänge). Die winzigen Augen können nur Lichtquellen wahrnehmen (die Augenlinse fehlt).

Die Mundwinkel sind deutlich nach oben gebogen. In Ober- und Unterkiefer sitzen jeweils 50–78 Zähne. Große, spatelförmige Flipper, dreieckige Finne, konkave Fluke mit Mittelkerbe.

Der Körper ist grau-beige gefärbt.

Lebensweise

Habitat – Populationen

Die Art lebt im Ganges, Brahmaputra, Karnaphuli und in deren Zuflüssen. Im Gangesdelta ist sie sehr häufig, schwimmt aber nicht ins Meer. Ihr in der Trockenzeit auf die Hauptflussläufe begrenzter Lebensraum vergrößert sich zu Zeiten des Monsun. Dammbauten und Bewässerungssysteme isolieren die Populationen und verhindern die Fortpflanzung. Obwohl die Art unter Schutz steht, wird sie von einigen religiösen Kasten, die ihren Organen Heilkräfte nachsagen, noch immer bejagt. Im Indus lebt der *Platanista minor*, eine eng verwandte Art.

Ernährung

Fische, Krebstiere und Mollusken. Da Gangesdelfine fast blind sind, stoßen sie zum Beutefang und zur Orientierung unentwegt Ultraschall-Klicklaute aus. Sie schwimmen in linker Seitenlage, streifen mit dem Flipper dicht über den Boden und bewegen dabei ständig den Kopf hin und her. Dank nicht zusammengewachsener Halswirbel und kräftiger Flipper sind sie erstaunlich wendig.

Sozialstruktur – Fortpflanzung

In der Monsunzeit eher einzelgängerisch, bei Niedrigwasser in kleinen Gruppen.

Neugeborene messen 70 bis 90 cm und werden ein Jahr lang gesäugt. Ab dem 2. Monat wird ihre Nahrung vielseitiger.

Verhalten – Bestimmung

Beim Atmen kommt das Blasloch kaum aus dem Wasser. Beim Abtauchen hebt er erst den Kopf, dann die Fluke aus dem Wasser. Im Delta kann er bei flüchtiger Betrachtung mit Indischen Schweinswalen (*Neophocaena phocaenoides*) und Irawadidelfinen (*Orcaella brevirostris*) verwechselt werden, die jedoch beide keinen langen Schnabel besitzen.

Zwergpottwal

Pygmy sperm whale
Kogia breviceps

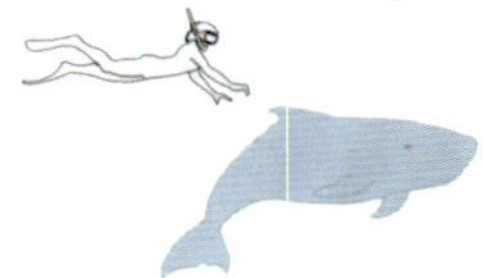

Namensherkunft

Kogia könnte vom altenglischen *codger* »alter Geizhals« oder von *Kogia Effendi*, einem türkischen Wegbereiter der modernen Walforschung, stammen. *Breviceps* kommt von lat. *brevis* »kurz« und *cepitis* »Kopf«.

Beschreibung

Größe, Gebissform und (durch dunklere Hautpigmentierung gebildete) Scheinkiemen hinter den Augen verleihen diesem kleinen, gedrungenen Pottwal ein haiartiges Aussehen. Erwachsene Tiere erreichen 3,40 m Länge und ein Gewicht von 400 kg. Im Alter wird der Körper massiger, insbesondere der Kopf mit dem Walratorgan.

Zähne trägt die Art nur im Unterkiefer: zwischen 20 und 32 schmale, nach hinten gerichtete Exemplare. Die runzelige Haut ist in der oberen Körperhälfte graublau, auf der Unterseite blassrosa. Weitere Merkmale: lorbeerblattähnliche Flipper, eine kleine, sichelförmige Finne und eine geschweifte Fluke mit spitz zulaufenden Enden.

Lebensweise

Habitat – Populationen

Zwergpottwale kommen in tropischen und gemäßigten Gewässern aller Ozeane vor. Sie bevorzugen das offene Meer, leben mitunter aber auch in Küstennähe, wenn reiche Futtergründe vorhanden sind. Da sie selten und scheu sind, können sie fast nur anhand gestrandeter Exemplare erforscht werden. Bestandsangaben sind nicht vorhanden.

Ernährung

Die Art jagt bis in mehrere Hundert Meter Tiefe Tintenfische (Kalmare, Sepien, Kraken), bisweilen auch Krebstiere und Fische.

Sozialstruktur – Fortpflanzung

Gruppen mit maximal 5–6 Tieren wurden bei Strandungen und den raren, flüchtigen Beobachtungen auf dem Meer gezählt. Über mögliche Wanderungen wissen wir praktisch nichts.

Die Tragzeit soll 11 Monate betragen, der Fortpflanzungszyklus 1 bis 2 Jahre.

Verhalten – Bestimmung

Zwergpottwale sind scheu und träge. Sie schnellen nicht in flachen Sprüngen übers Wasser, ihr Blas ist unauffällig, und die winzige Finne ragt kaum aus dem Wasser. Sie wurden jedoch schon bei Luftsprüngen beobachtet, wie sie auch Pottwale (*Physeter catodon*) vollführen. Es ist nahezu unmöglich, die Art vom Kleinstpottwal (*Kogia simus*) oder manchen noch nicht erwachsenen Schnabelwalen zu unterscheiden.

Pottwal

Sperm whale

Physeter catodon

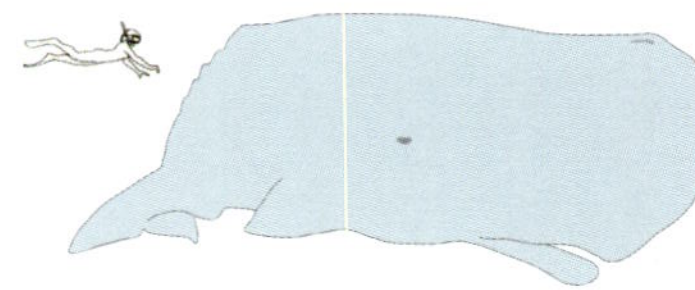

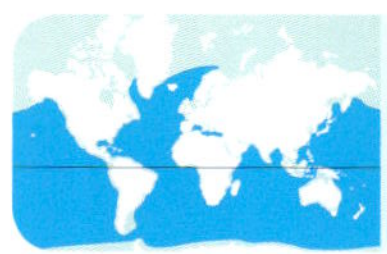

Namensherkunft

Von griech. *physeter* »Bläser, Strudel« und *catodon* »nur im Unterkiefer Zähne besitzend«.
Auch: *Physeter macrocephalus*. Von griech. *makros* »groß, lang« und *kephale* »Kopf« (dicker Kopf).

Beschreibung

Erwachsene Weibchen werden bis zu 12 m lang und 12 bis 15 t schwer, Männchen 15 bis 18 m lang und 40 bis 50 t schwer. Die Haut ist runzelig. Die Färbung reicht von Dunkelbraun bis Dunkelgrau, ältere Exemplare können zuweilen sogar weiß sein, was die Legende von Moby Dick, dem weißen Wal aus dem gleichnamigen Roman von Herman Melville, glaubwürdig erscheinen lässt. Manchmal sind Pottwale auch hell gefleckt, was ihnen ein gewisses »Dalmatiner«-Aussehen verleiht. Das Maul ist fast immer weiß gesäumt.

Bei erwachsenen Bullen macht der Kopf 25 bis 40 % der Gesamtkörperlänge aus. Er enthält große Mengen Spermazet, ein sehr feines Öl, auf das es die Walfänger abgesehen hatten und das man inzwischen künstlich herstellt. Durch die Lage des Blaslochs auf der linken Kopfhälfte tritt der Blas im 45°-Winkel nach vorn aus.
Die unscheinbare Finne ist rund oder dreieckig und bildet den Anfang einer bis zur

Ein großer Pottwalbulle hebt die Fluke aus dem Wasser, um abzutauchen (Neuseeland).

Fluke reichenden Reihe sägezahnartiger Höcker. Beim senkrechten Abtauchen heben Pottwale die große, dreieckige Fluke mit deutlicher Mittelkerbe vollständig aus dem Wasser. Die Hinterkante ist oft mit Einkerbungen gesäumt, an denen Individuen identifiziert werden können. Die kleinen, spatelförmigen Flipper sind an der Oberfläche allenfalls sichtbar, wenn sich der Wal auf den Rücken dreht.

Der Unterkiefer besitzt bis zu 50, der Oberkiefer nur noch rudimentäre Zähne.

Ein männlicher Pottwal aus der Vogelperspektive. Gut zu erkennen der schräge Blas.

Lebensweise

Habitat – Populationen

Pottwale leben in alle Weltmeeren. Nur die Bullen begeben sich jährlich auf Wanderung und ziehen im Sommer auf beiden Erdhalbkugeln in hohe Breiten von etwa 60° bis 70° bis zur Eisgrenze. Unreife Tiere und Weibchen bleiben in gemäßigten Gewässern zwischen 40° N und 40° S, in die die Männchen im Winter zur Paarung zurückkehren.

Da seit dem 1986 von der Internationalen Walfangkommission IWC (*International Whaling Commission*) erlassenen Walfangmoratorium auch der Handel mit Walprodukten verboten ist, werden Pottwale nur noch von einigen »indigenen« Gemeinden für den Eigenbedarf gejagt. Der Weltbestand wird auf 2 Millionen Tiere geschätzt.

Ernährung

Pottwale leben in nahrungsreichen Gebieten. Das kann mitten im Ozean sein oder in der Nähe von Steilküsten, insbesondere vor vulkanischen Inseln, wo Auftriebsströmungen (*upwellings*) Nährstoffe an die Oberfläche tragen. Sie können bis zu 90 Minuten und bis in Tiefen von 1000 m und mehr tauchen. Sonargeräte orteten sie sogar schon zwischen 2000 und 3000 m, womit sie unter Meeressäugern die Rekordhalter im Tieftauchen sind.

Ihre Hauptbeute sind Tintenfische (vorzugsweise Kalmare), sie verspeisen aber auch Bodenfische und sogar Tiefseehaie, wie die Untersuchung eines Pottwalmagens ergab, die den Tauchrekord von 3000 m bestätigte. Die tägliche Futtermenge eines erwachsenen Männchens beträgt 3 % sei-

Vor den Azoren zeigt ein junger Pottwal seine enorme Melone.

nes Gewichts, dies entspricht 1500 kg bei einem 50 t schweren Tier.

Zum Abtauchen senkt der Pottwal automatisch die Temperatur des Spermazets im Kopf, das dadurch dichter wird und so den Abstieg erleichtert. Nach Erreichen der gewünschten Tiefe stabilisiert er sich und nutzt seine Energie für die eigentliche Jagd. Womöglich erklärt dies die kurzen horizontalen Wege, die Pottwale in der Tiefe zurücklegen, denn meist tauchen sie dicht an der Stelle ihres Abstiegs wieder auf. Mithilfe ihres Biosonars orten sie in der absoluten Finsternis Kalmare und lauern ihnen auf. Als Köder dienen ihnen dabei ihre weißen »Lippen«, die von den biolumineszenten Kalmaren, die selbst Räuber sind, erhellt werden. In der Annahme, es handele sich um ein mäßig großes Beutetier, nähert sich der Kalmar und … verschwindet im Schlund des Wals!

Ein junger Pottwal springt wiederholt aus dem Wasser, um die Aufmerksamkeit seiner Mutter zu gewinnen, die in der Tiefe jagt.

Sozialstruktur – Fortpflanzung

Die Sozialstruktur bei Pottwalen lässt vier Gruppentypen erkennen:

Erwachsene Männchen, bei Wanderungen meist einzelgängerisch.

Junge Männchen (»Junggesellen«), die bis zum Abschluss der Geschlechtsreife (mit etwa 25 Jahren) zusammenleben.

Familiengruppen, die sich aus erwachsenen Weibchen mit und ohne Nachwuchs sowie unreifen Tieren beiderlei Geschlechts zusammensetzen. Bei einer Geburt können sich mehrere Weibchen absondern, um zu helfen und eine vorübergehende »Kinderstube« zu bilden.

Harems bestehen aus der Familiengruppe und einem Männchen, das sich zur Paarung dazugesellt. Denn im Winter kehren die erwachsenen Männchen, die den Sommer in den Polarregionen verbracht haben, wieder in gemäßigte und tropische Gewässer zurück, um sich fortzupflanzen. Vor den Paarungen finden häufig spektakuläre Kämpfe zwischen den Bullen untereinander oder mit jüngeren, noch nicht wandernden Rivalen statt. Der Sieger darf mehrere Weibchen befruchten, im Fachjargon spricht man von einem polygynen Fortpflanzungssystem.

Nach einer Tragzeit von 14 bis 16 Monaten

bringt das Weibchen ein etwa 4 m langes Kalb zur Welt, das 2 bis 4 Jahre gesäugt wird. Ein Weibchen kann alle 4 bis 6 Jahre trächtig werden.

Die relativ häufigen Strandungen betreffen meist ganze Familiengruppen, die ein gestrandetes Mitglied offenbar nicht im Stich lassen. Sind die sozialen Bindungen so stark? Sind magnetische Anomalien die Ursache? Parasiten, Krankheiten? Viele Fragen, auf die wir noch keine Antworten gefunden haben.

Verhalten – Bestimmung

Pottwale sind leicht an ihrer Form zu erkennen. An der Oberfläche erinnern sie an treibende Baumstämme. Der Kopf ist riesig. Das einzige Blasloch sitzt links, sodass der Blas nach vorn im 45°-Winkel austritt. Bevor sie abtauchen, machen sie ein paar Minuten lang mehrere Atemzüge in immer kürzeren Abständen. Dann krümmen sie den Körper, richten die imposante dreieckige Fluke senkrecht auf und verschwinden in der Tiefe.

Vor den Azoren bilden mehrere Weibchen zum Schutz des Kleinen eine »Margerite«.

Abstieg in die Tiefe.

Commersondelfin

Commerson's dolphin

Cephalorhynchus commersonii

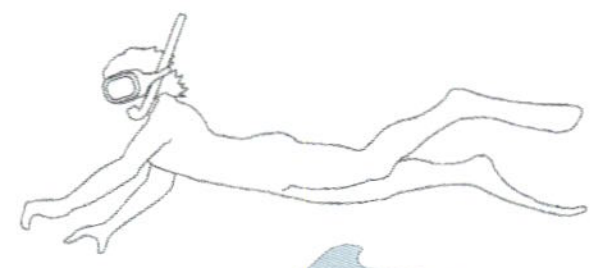

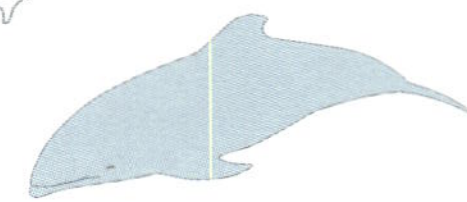

Namensherkunft

Von griech. *kephale* »Kopf« und *rhynchos* »Schnabel, Nase«. Commerson war ein französischer Arzt und Botaniker, der die Art im 18. Jh. beschrieb. **Anderer Name:** Jacobita

Beschreibung

Der kleine, wie alle Arten der Gattung *Cephalorhynchus* gedrungene Delfin fällt durch seine markante Schwarz-Weiß-Färbung auf. Die Tiere vor dem südamerikanischen Kontinent messen durchschnittlich 1,40 m und wiegen zwischen 40 und 60 kg. Die Weibchen werden etwas größer als die Männchen. Deutlich größer sind die vor den Kerguelen lebenden Delfine (bis zu 1,70 m und 80 kg).

Der Kopf ist konisch, der Übergang zwischen Melone und Schnabel fließend. Der gerade Mund zeigt zum Auge. Ober- und Unterkiefer bergen jeweils bis zu 70 kleine spitze Zähne. Die Flipper sind länglich. Aus unbekannten Gründen ist bei den meisten erwachsenen Tieren (geschlechtsabhängig zwischen 40 und 80 %) die Vorderkante des linken Flippers gesägt. Die mäßig große Finne sitzt mittig und bildet mit ihrer Vorderkante praktisch die Fortsetzung der Rückenlinie des Vorderkörpers, während die Hinterkante leicht sichelförmig ist. Die konkave Fluke besitzt eine kleine Mittelkerbe.

Die Färbung besteht in der Regel aus je zwei schwarzen und weißen Partien. Kopf, Flipper und die Region von Finne bis Fluke sind schwarz. Die Analregion ist ebenfalls von einem schwarzen Fleck umgeben. Der gesamte Mittelteil des Delfins – Rücken und Bauch – ist weiß, ebenso die Kehle.

Patagonien: Voller Elan begleitet ein Commersondelfin ein Schiff in Fahrt.

Drei Commersondelfine reiten in der Bugwelle eines Schiffes.

Lebensweise

Habitat – Populationen

Commersondelfine leben gewöhnlich in kalten und gemäßigten Gewässern der Südhalbkugel (42° bis 50° S). Man findet sie von Südchile bis zur argentinischen Halbinsel Valdés, in der Magellanstraße und sogar noch weiter südlich, in der Drakestraße zwischen Feuerland und der Antarktischen Halbinsel. Richtung Osten kommen sie bis zu den Falklandinseln (Malwinen) vor. Eine separate Population mit größeren Tieren lebt weiter östlich, vor den Kerguelen. Es soll seit ein paar Jahren – bislang allerdings nicht gesicherte – Beobachtungen vor Südafrika geben. Commersondelfine bewohnen vorwiegend Küsten- und insbesondere seichte Mündungsgewässer, je nach Nahrungsvorkommen sogar untere Flussläufe.

Chilenische Krabbenfischer harpunieren sie, um ihr Fleisch als Köder zu verwenden. Bejagt werden sie auch in Argentinien, wo ihr Bestand einer jüngsten Studie zufolge stellenweise deutlich schwindet. In Fischernetzen sterben sie häufig als Beifang. Ihr außergewöhnliches Aussehen und ihre offenbar guten Überlebenschancen in Gefangenschaft machen sie für Delfinarien in der ganzen Welt sehr attraktiv. Der Gefährdungsstatus ist unbekannt, da systematische Bestandszählungen bis heute fehlen.

Ernährung

Tintenfische und Krebstiere sowie kleine Fische. Ein flinker und sehr wendiger Schwimmer, dem selbst Hochseefische kaum entwischen. Der große Kalmarreichtum in der Magellanstraße dürfte schon allein ein Grund für die Häufigkeit der Art in diesen unwirtlichen Gewässern sein.

Sozialstruktur – Fortpflanzung

Schulen umfassen selten mehr als 10 Tiere. Die flinke Art ist sehr verspielt und zeigt sich oft an der Oberfläche. Über Sozialstruktur und Verteilung der Geschlechter in der Gruppe ist wenig bekannt. Die Tragzeit soll 1 Jahr dauern.

Verhalten – Bestimmung

Rein äußerlich könnten Commersondelfine zwar mit Dall-Hafenschweinswalen verwechselt werden, diese leben jedoch Tausende Kilometer weit weg im Nordpazifik. Ein Aufeinandertreffen ist also ausgeschlossen. In ihrem Lebensraum sind Commersondelfine aufgrund von Größe und Färbung unverkennbar. Die ausgezeichneten Schwimmer vollführen abrupte Richtungswechsel, sodass man nie weiß, wo sie als Nächstes auftauchen werden.

Bei der Verfolgung ihrer Beute schwimmen Commersondelfine auch über beachtliche Strecken Flüsse hinauf.

Hectordelfin

Hector's dolphin

Cephalorhynchus hectori

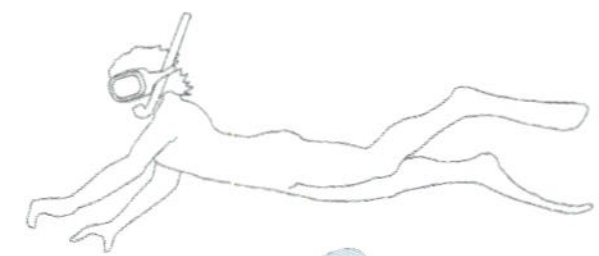

Namensherkunft

Von griech. *kephale* »Kopf« und *rhynchos* »Schnabel, Nase«. Der neuseeländische Zoologe Hector entdeckte die Art 1869.

Beschreibung

Der Hectordelfin konkurriert mit dem Hafenschweinswal (*Phocoena sinus*) um den Rang des kleinsten und seltensten meeresbewohnenden Waltiers. Er besitzt eine gedrungene Gestalt (sein Umfang macht 70 % der Gesamtkörperlänge aus), wird bis zu 1,50 m lang und etwa 50 kg schwer.

Die Männchen bleiben geringfügig kleiner als die Weibchen.

Der Kopf ist konisch geformt und weist vom Schnabel bis zum Blasloch ein helles Dreieck auf. Ober- und Unterkiefer besitzen jeweils 52 bis 64 kleine, konische Zähne. Die ovalen Flipper sind dunkelgrau. Ihre Färbung bildet das Endstück der an der Schnauzenspitze beginnenden Farbpartie. Direkt hinter der Körpermitte sitzt die charakteristische rundliche, dunkle Finne, der die Art auch den englischen Namen *Mickey Mouse dolphin* zu verdanken hat. Die Fluke ist stark konkav und in der Mitte leicht gekerbt.

Hectordelfine reiten gern in der Bugwelle von Booten.

Hectordelfine besitzen eine kontrastreiche Färbung. Der Rücken ist dunkelgrau, der Bauch hellgrau. Zwei weiße, unterschiedlich große »Finger« erstrecken sich vom Bauch bis zum Schwanzstiel.

Lebensweise

Habitat – Populationen

Die vor der neuseeländischen Küste endemische Art jagt in flachen Gewässern und wird selten im offenen Meer angetroffen. Der Gesamtbestand, der sich aufgrund der begrenzten Verbreitung gut erfassen lässt, soll bei 3000 bis 4000 Tieren liegen.

Eine der Gefahren für Hectordelfine ist die Küstenstellnetzfischerei, die in den letzten Jahren zumindest teilweise durch strikte Auflagen eingeschränkt wurde. Derartige Schritte sind angesichts der extrem niedrigen Fortpflanzungsrate der Art dringend erforderlich, die zudem unter den ins Wasser geleiteten Pestiziden und anderen landwirtschaftlichen Umweltgiften zu leiden hat, die ihren Lebensraum in den Mündungsgewässern verseuchen. Seit etlichen Jahren bemühen sich staatliche und nicht staatliche Einrichtungen um bessere Schutzmaßnahmen. Inwieweit diese ausreichend sind, werden aber erst Langzeitstudien zeigen.

Ernährung

Der Opportunist ernährt sich je nach »Angebot« von pelagischen oder bodenlebenden Fischen, gelegentlich auch von Tintenfischen. Als mittelmäßiger Taucher bleibt er selten länger als 90 Sekunden unter Wasser, stattdessen setzt er auf Schnelligkeit. Jahreszeitliche Wanderungen

In neuseeländischen Küstengewässern treiben zahlreiche herrenlose Netze, die tödliche Fallen für Hectordelfine darstellen.

zwischen Küste und Ästuarien sowie zwischen Nord und Süd sind nahrungsbedingt.

Sozialstruktur – Fortpflanzung

Gewöhnlich in 2- bis 10-köpfigen Gruppen. Im März sichteten wir allerdings eine Ansammlung von über 100 Tieren in der Region von Akaroa (Südinsel). Da sich Hectordelfine häufig in trüben Gewässern aufhalten, sind Beobachtungen jedoch oft ungenau. Der etwa 70 cm große Nachwuchs kommt im Frühjahr zur Welt. Die überlebensgefährdende Schwachstelle dieser Spezies ist sicherlich der lange Fortpflanzungszyklus von etwa 3 Jahren. Die Lebenserwartung liegt zwischen 15 und 20 Jahren.

Verhalten – Bestimmung

Durch ihre Gestalt, Größe und charakteristische Finne sind Hectordelfine nicht mit anderen Arten in ihrem Lebensraum zu verwechseln. Sie reiten gelegentlich in der Bugwelle von Schiffen. Auch Sprünge aus dem Wasser und Surfen in der Brandung gehören zu ihrem Repertoire. Nach einem Tauchgang von über einer Minute benötigen sie die entsprechende Zeit zum Erholen. Interaktionen mit Menschen werden immer häufiger.

Hectordelfine leben nur vor Neuseeland. Die Form ihrer Finne hat ihnen den englischen Spitznamen *Mickey Mouse dolphin* eingetragen

Gemeiner Delfin

Short-beaked common dolphin

Delphinus delphis

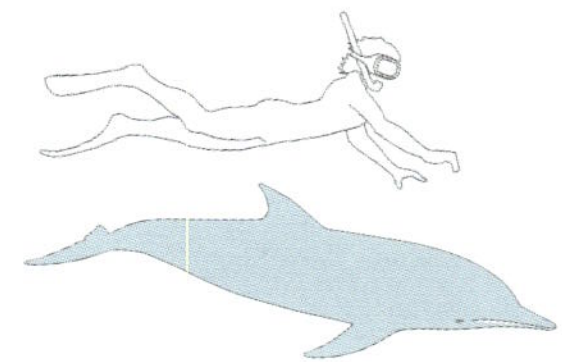

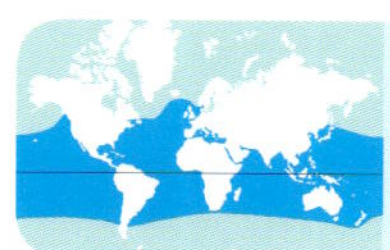

Namensherkunft

Von lat. *delphinus* »Delfin« und griech. *delphis* »Delfin«. Es handelt sich dabei um die gewöhnlich in den Sagen und Mythen der Antike beschriebene Art.

Beschreibung

Neugeborene sind 70–80 cm groß, erwachsene Männchen 2,50 m, Weibchen 2,30 m. Das Durchschnittsgewicht liegt zwischen 70 und 100 kg. Männchen können 130 kg erreichen.

Der lange, dünne Schnabel ist durch eine Stirnfurche deutlich von der Melone abgesetzt. In Ober- und Unterkiefer sitzen jeweils 80–120 kleine, konische Zähne. Die spitz zulaufenden Flipper haben eine breite Basis, eine gerundete Vorderkante und eine gerade Hinterkante. Die mittelgroße, auf der Körperhälfte sitzende Finne ist sichelförmig, die Fluke geschweift mit Mittelkerbe.

Gemeine Delfine besitzen eine komplexe Färbung, die populationsabhängig variiert. Der Rücken ist von Schnabel bis Fluke dunkel, ebenso die Flipper. Die vorderen Flanken sowie der Bereich von Bauch bis After sind fast weiß, die hinteren Flanken weisen eine mittelgraue Partie in Form eines lang gezogenen Dreiecks auf. Insgesamt ergibt sich eine Zeichnung in Form eines breit gezogenen X oder einer Sanduhr, die individuell unterschiedlich stark ausgeprägt sein kann.

Die lebhaften Gemeinen Delfine sind wahre Akrobaten.

Gemeine Delfine sind gesellig und ziehen oft in kompakten Sozialverbänden umher.

Lebensweise

Habitat – Populationen

Gemeine Delfine sind weltweit in allen tropischen und gemäßigten Gewässern verbreitet. Im Westatlantik südlich von Neufundland bis Argentinien, im Ostatlantik südlich von Skandinavien bis Südafrika. Im Westpazifik von Japan bis Neuseeland, im Ostpazifik von Kalifornien bis Chile. Ebenfalls zu finden sind sie im Indischen Ozean sowie im Roten, Schwarzen und Mittelmeer.

Der Opportunist jagt sowohl an der Küste als auch auf dem offenen Meer und legt bei der Verfolgung von Beute zum Teil beachtliche Strecken zurück. Angeblich sollen seine Bestände in manchen Regionen zugunsten anderer Arten, insbesondere des Blau-Weißen Delfins (*Stenella coeruleoalba*), drastisch zurückgegangen sein. Auf den

Die grazile Gestalt der Gemeinen Delfine kommt bei spiegelglatter Oberfläche besonders gut zur Geltung.

Ein Gemeiner Delfin zieht mit seiner Finne hahnenkammförmiges Spritzwasser hinter sich her.

Azoren fanden wir dies nicht bestätigt, dort gleichen sich Populationsschwankungen über die Jahre hinweg aus.

Gemeine Delfine jagen Schwarmfische und sterben daher häufig als Beifang in Fischernetzen. Zudem reagieren sie empfindlich auf Umweltgifte, die sich in ihrer Beute anreichern. Ohne geeignete Maßnahmen gegen die Meeresverschmutzung könnte das langfristige Überleben der Art gefährdet sein, deren Weltbestand auf mehrere Millionen Tiere geschätzt wird.

Ernährung

Als vielseitiger und höchst geschickter Räuber findet der Gemeine Delfin stets Nahrung, wie Schwarmfische (Sardellen, Makrelen, Sardinen, Heringe) und Tintenfische (Sepien, Kalmare). Doch industrielle Fischerei und Überfischung reduzieren womöglich das Nahrungsangebot auf immer kleinere Gebiete und zwingen ihn, in Gesellschaft seiner Feinde, wie Orcas und verschiedene große Haie, auf Jagd zu gehen.

Gemeine Delfine jagen fast immer im Team. So treiben sie zum Beispiel im »Pack« die Fische an der Oberfläche zusammen, bevor sie sie verschlingen. Diese Technik der »Karusselljagd« sollen auch andere Meeressäuger, wie Schwertwale und Große Tümmler, anwenden.

Sozialstruktur – Fortpflanzung

Diese sozial lebenden Delfine ziehen praktisch nie allein umher. Schulen mit mehreren Hundert Tieren sind nicht selten. Die Gruppen gliedern sich wahrscheinlich nach Geschlecht in trächtige und säugende Weibchen einerseits und Männchen andererseits.

Interaktionen können unter anderem im Zusammenhang mit Nahrung, Fortpflanzung oder langen Wanderungen stehen.

Weibchen erlangen die Geschlechtsreife mit 5 bis 7 Jahren. Die Tragzeit dauert 10 bis 11 Monate, die Stillzeit 15 bis 18 Monate. Die Fortpflanzungsrhythmen sind populationsabhängig. Man glaubt, dass sich die Geburten mit zunehmender Nähe zum Äquator stärker über das ganze Jahr verteilen. Die Lebensdauer liegt zwischen 25 und 30 Jahren.

Verhalten – Bestimmung

Gemeine Delfine können hinsichtlich Größe, Gestalt und Verhalten mit Fleckendelfinen, Blau-Weißen und Spinnerdelfinen und anderen Arten verwechselt werden. Beim Springen oder delfintypischen Schnellen übers Wasser ist jedoch das artspezifische Sanduhrmuster an der Seite zu erkennen, an dem sie eindeutig zu identifizieren sind.

An der seitlichen Sanduhrzeichnung sind Gemeine Delfine leicht zu erkennen.

Langschnäuziger Gemeiner Delfin

Long-beaked common dolphin

Delphinus capensis

Der ursprünglich von Gray anhand eines am Kap der Guten Hoffnung aufgefundenen Exemplars als eigene Spezies beschriebene Delfin wurde später als Unterart (*Delphinus delphis capensis*) des – kurzschnäuzigen – Gemeinen Delfins (*Delphinus delphis*) betrachtet. Seit 1995 gilt der langschnäuzige Gemeine Delfin aufgrund von DNS-Analysen jedoch wieder als eigene Art: *Delphinus capensis*. Wie der Trivialname nahelegt, ist seine Schnauze deutlich länger als die seines kurzschnäuzigen Verwandten. Er kommt im Indischen Ozean, Südatlantik und vor der mexikanischen Pazifikküste vor. Besagte Analysen hätten es im Grunde auch gerechtfertigt, den regelmäßig im Roten Meer anzutreffenden Arabischen Gemeinen Delfin (*Delphinus tropicalis*) als eigene Art einzustufen.

Langschnäuzige Gemeine Delfine jagen in perfekter Koordination einen Sardinenschwarm vor Südafrika.

Weißstreifendelfin

Pacific white-sided dolphin

Lagenorhynchus obliquidens

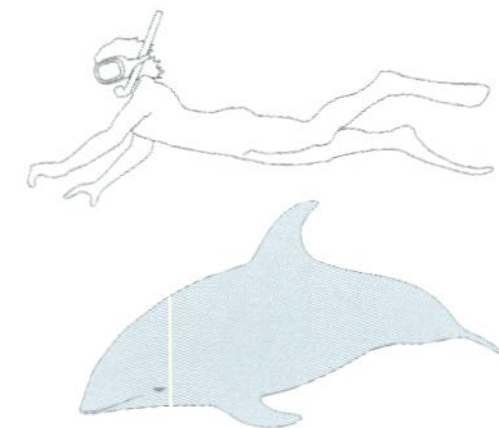

Namensherkunft

Von griech. *lagenos* »Flasche, Flakon« und *rhynchos* »Schnabel, Nase«. Von lat. *obliquus* »schräg« und *dens* »Zahn«.

Beschreibung

Die Art kann 2,40 m lang und 140 kg schwer werden.

Der Kopf ist konisch ohne ausgeprägten Schnabel. Ober- und Unterkiefer besitzen jeweils 42 bis 64 schmale Zähne. Die eher kleinen Flipper sind sichelförmig. Die mittig sitzende Finne ist bei manchen Tieren deutlich nach hinten gebogen, die Fluke konkav mit Mittelkerbe.

Die Art besitzt wie andere Mitglieder der Gattung *Lagenorhynchus* eine sehr komplexe Körperfärbung, die auch individuell stark variieren kann. Schnauze und Oberseite von Kopf bis Fluke sind dunkel. Ein hellgrauer Streifen verläuft von der Stirn über die Flanken bis zu den Flippern und endet körpermittig unterhalb der Finne. Auch der Schwanzstiel besitzt einen hellgrauen, mandelförmigen Fleck. Kehle und Bauch sind nahezu weiß.

Trotz ihrer Schnelligkeit fallen Weißstreifendelfine auch Orcas zum Opfer.

Lebensweise

Habitat – Populationen

Kühle Gewässer des Nordpazifiks, zwischen 20° und 50°. Im Osten von Südkalifornien bis Alaska (nicht im Beringmeer). Im Westen von Taiwan bis zu den Aleuten.
Jahreszeitliche Wanderungen finden offenbar zwischen Küste und Hochsee statt. Bei ganzjährig gutem Nahrungsangebot sind manche Küstenpopulationen auch ortstreu. Als Opportunisten verfolgen diese Delfine ihre Beute teils bis in die Fischernetze, in denen sie sich verfangen und verenden. Fischer in Amerika betrachten sie als Nahrungskonkurrenten, ebenso in Japan, wo man sie regional sogar verzehrt. Gelegentlich werden Exemplare für Delfinarien gefangen. Die Art ist anscheinend nicht direkt vom Aussterben bedroht, zumindest nicht die Populationen vor der nordamerikanischen Küste.

Ernährung

Weißstreifendelfine, die Sprints von bis zu

Im kalten, klaren Wasser vor Vancouver Island (Kanada) ist der Weißstreifendelfin gut zu erkennen.

Dolphin Watching im Norden von Vancouver Island (Kanada).

40 km/h schaffen, jagen im »Pack« kleinere Schwarmfische (Sardellen, Heringe etc.), die sie bisweilen an der Oberfläche zusammentreiben. Auch Kalmare stehen auf ihrem Speisezettel. Bei der Gemeinschaftsjagd verbünden sie sich gelegentlich mit anderen Arten, wie Orcas, Dall-Hafenschweinswalen, Nördlichen Glattdelfinen und sogar mit Robben, wie dem Stellerschen Seelöwen.

Sozialstruktur – Fortpflanzung

Die gesellige Art bildet zwischen 10 und mehrere Hundert Tiere umfassende Schulen. Über die Sozialstruktur ist wenig bekannt. Das Fortpflanzungssystem basiert auf Promiskuität.
Geburten finden im Sommer nach einer etwa 10-monatigen Tragzeit statt. Neugeborene messen 80 bis 90 cm und wiegen ca. 15 kg.

Verhalten – Bestimmung

Die ganz und gar nicht scheuen Weißstreifendelfine treten immer in Gruppen auf und sind an der Oberfläche äußerst lebhaft. Sie reiten gern in Bug- und Heckwellen von Booten und springen sogar häufig in deren Nähe aus dem Wasser.
In ihrem Verbreitungsgebiet können sie mit Gemeinen Delfinen (*Delphinus delphis*) verwechselt werden, die allerdings einen längeren Schnabel besitzen und am charakteristischen Sanduhrmuster an den Flanken eindeutig zu erkennen sind. Der ebenfalls in ihrem Lebensraum vorkommende Dall-Hafenschweinswal hat eine wesentlich kleinere, dreieckige Finne. Zudem ist er scheuer und springt praktisch nie aus dem Wasser.

Beeindruckender Sprung eines Weißstreifendelfins.

Schwarzdelfin

Dusky dolphin

Lagenorhynchus obscurus

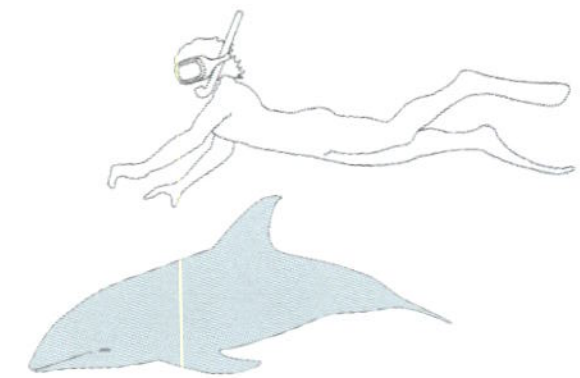

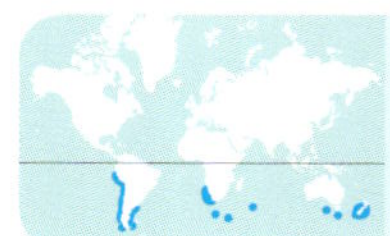

Namensherkunft
Von griech. *lagenos* »Flasche, Flakon« und *rhynchos* »Schnabel, Nase«. Von lat. *obscurus* »dunkel, undeutlich«.

Beschreibung

Wie andere Mitglieder der Gattung *Lagenorhynchus* ist dieser Delfin nur mäßig groß: Er misst zwischen 1,60 und 2,10 m und wiegt maximal 150 kg. Die vor Neuseeland lebenden Tiere sind kleiner als ihre peruanischen Artgenossen.

Der Schnabel geht ohne Stirnabsatz in Kopf und Körper über. Ober- und Unterkiefer besitzen jeweils 48 bis 72 schmale Zähne. Die mittelgroßen Flipper sind sichelförmig. Die im Vergleich zum Körper große, mittig sitzende Finne ist ebenfalls sichelförmig, die unterdurchschnittlich kleine Fluke konkav mit feiner Mittelkerbe.

Die Art besitzt eine komplexe Körperfärbung. Der Schnabel ist dunkel, ebenso die haubenförmige Zeichnung auf dem Kopf sowie Rücken, Finnenvorderteil, Fluke und Analregion. Kehle, Flanken und Bauch sind weiß. Ein Bestimmungsmerkmal ist das helle Paar »Hosenträger« auf der dunklen Partie des Schwanzstiels.

Lebensweise

Habitat – Populationen

Schwarzdelfine leben gewöhnlich in gemäßigten Küstengewässern im Schelfbereich der Südhemisphäre. Im Pazifik kommen sie vor Südperu, Neuseeland, Australien und Südafrika vor, im Atlantik von der Westküste Südafrikas bis Argentinien (Patagonien), im Süden des amerikanischen Kontinents bis zur Drakestraße. Jahreszeitliche Wanderungen wurden mit Bestimmtheit bislang nur entlang der Küsten beobachtet.

Vor Südafrika und Peru werden Schwarzdelfine lokal bejagt und verzehrt. Darüber hinaus stellen Fischernetze eine Gefahr dar, in denen sie als Beifang enden. In ihrem Verbreitungsgebiet scheinen sie häufig vorzukommen.

Ernährung

Der schnelle Räuber und exzellente Taucher hat einen abwechslungsreichen Speiseplan. An der Küste ernährt er sich von boden-

Schwarzdelfine bei der gemeinschaftlichen Jagd vor Patagonien.

und riffbewohnenden Fischen sowie Krebstieren. In größeren Tiefen scheinen Kalmare den Großteil seiner Nahrung auszumachen. Schwarmfische sind meist der Grund für seine Wanderungen, so zieht er beispielsweise Sardellen hinterher. In Neuseeland verlässt er mit Beginn der kalten Jahreszeit (April) die Südinsel und wandert allmählich gen Norden.

Sozialstruktur – Fortpflanzung

Die Gruppenstärke dieses äußerst geselligen Delfins ist jahreszeitenabhängig. Im Frühjahr und zur Paarungszeit im Sommer (Oktober bis März) umfassen die Schulen über Hundert Tiere. Soziale Kontakte bilden einen festen Bestandteil ihres Lebens, die Familiengruppe ist stabil.

Nach einer Tragzeit von 10 bis 12 Monaten gebiert das Weibchen ein 50 bis 60 cm großes Kalb. Vor Südamerika finden die Geburten im Winter statt, in Neuseeland im Frühjahr.

Zwei akrobatische Schwarzdelfine vor Neuseeland.

Verhalten – Bestimmung

Dieser äußerst verspielte Delfin begleitet oft Boote und vollführt dabei eindrucksvolle Sprünge. Er gehört zu den lebhaftesten und akrobatischsten Arten. In Neuseeland ist eine Verwechslung mit anderen Spezies nicht möglich, an der südamerikanischen Küste mit dem Burmeister-Schweinswal (*Phocoena spinipinnis*).

Ein Schwarzdelfin in den bisweilen trüben Gewässern vor Neuseeland: Die Neugier siegt fast immer.

Dieser besitzt jedoch einen gleichmäßig dunkel gefärbten Rücken sowie eine niedrigere und weniger stark gebogene Finne. Außerdem – als auffälligstes Merkmal – bewegt er sich sehr viel langsamer. Schwarzdelfine unterscheiden sich insbesondere durch ihre ausdauernden Oberflächenaktivitäten.

Ein gelungener Salto!

Schlankdelfin

Pantropical spotted dolphin

Stenella attenuata

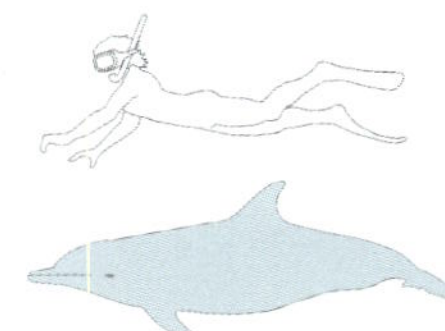

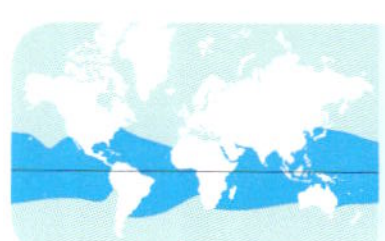

Namensherkunft
Von griech. *stenos* »gerade« und lat. *attenuatus* »reduziert«. In der Systematik der Fleckendelfine herrscht keine Einigkeit. Wir richten uns nach dem Wissenschaftler William F. Perrin (1987), der nur den in allen Meeren vorkommenden Schlankdelfin (*Stenella attenuata*) und den im Atlantik lebenden Zügeldelfin (*Stenella frontalis*) anerkennt.

Beschreibung

Die Männchen erreichen Größen zwischen 1,50 und 2,50 m und ein Gewicht von 100 bis 115 kg. Die Weibchen bleiben kleiner.

Der Schnabel ist schmal. Ober- und Unterkiefer besitzen jeweils 68 bis 96 konische Zähne. Die Flipper sind sichelförmig. Die mittig sitzende Finne ist groß und gekrümmt, die Fluke konkav mit kleiner Mittelkerbe.

Färbung:

Phase 1: Das Neugeborene ist fleckenlos.

Phase 2: Dunkles Cape vom Kopf bis hinter die Finne, der Schwanzstiel ist oben dunkel, unten hell.

Phase 3: Dunkle Flecken bilden sich auf der Bauchseite.

Phase 4: Helle Flecken erscheinen auf dem Rücken, die dunklen Bauchflecken verschmelzen miteinander.

Phase 5: Der Bauch nimmt eine einheitliche Färbung an. Die Lippen sind weiß, zwischen den Augen verläuft ein Streifen. Ein kurzes, dunkles Band reicht von der Schnauze bis zu den Flippern.

Lebensweise

Habitat – Populationen

Schlankdelfine bevorzugen tropische und subtropische Gewässer über 25 °C, folgen ihrer Beute gelegentlich aber auch in gemäßigte Gebiete. Vor allem in Japan und in geringerem Maße auch auf den Philippinen, den Salomonen, St. Vincent und in Indonesien stellt man ihnen wegen ihres Fleisches nach. In den beengten Verhältnissen von Delfinarien verkümmern sie schnell.

Ernährung

Fische, Tintenfische, Krebstiere. Wie auch der Spinnerdelfin (*Stenella longirostris*) vergesellschaftet er sich im Ostpazifik mit Gelbflossenthunfischen und endet daher häufig als Beifang in Fischernetzen.

Sozialstruktur – Fortpflanzung

Schulen erreichen Größen von mehreren Dutzend bis zu mehreren Tausend Tieren. Man unterscheidet drei soziale Hauptgruppen: Weibchen mit Kälbern, erwachsene Männchen sowie unreife Tiere beiderlei Geschlechts.

Die Tragzeit beträgt 11 Monate, die Neugeborenen messen 70 bis 90 cm. Die Stillzeit dauert ein Jahr und länger.

Verhalten – Bestimmung

Als Jungtiere sind die beiden Fleckendelfinarten in überlappenden Lebensräumen nicht zu unterscheiden. Als Erwachsene besitzen Schlankdelfine (*S. attenuata*) ein dunkles Cape, Zügeldelfine (*S. frontalis*) eine helle Flammenzeichnung an den Seiten.

Blau-Weißer Delfin

Striped dolphin

Stenella coeruleoalba

Namensherkunft

Von griech. *stenos* »gerade«, von lat. *coeruleus* »himmelblau« und *albus* »weiß«. Auch »Streifendelfin«, wie er wörtlich übersetzt und treffender im Englischen und Portugiesischen heißt, da die blau-weiße Färbung mitunter braun-ockerfarben sein kann.

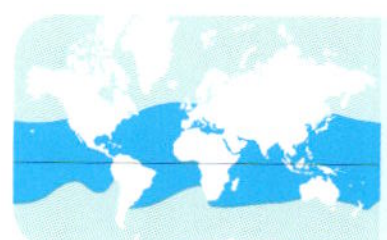

Beschreibung

Je nach Region variiert die Größe eines Männchens zwischen 2 und 2,40 m bei einem Gewicht von 100 bis 150 kg. Die Weibchen bleiben kleiner.

Blau-Weiße Delfine besitzen eine schlanke Gestalt, der Schnabel ist deutlich von der Melone abgesetzt, wenngleich nicht so stark wie bei anderen Arten der Gattung *Stenella* (Spinner- und Fleckendelfine). Die gerade Mundlinie zeigt zum Auge. In Ober- und Unterkiefer stehen jeweils 80 bis 110 kleine konische, nach hinten gebogene Zähne. Die kleinen Flipper sind leicht sichelförmig. Die mittelgroße, auf der Körperhälfte sitzende Finne ist ebenfalls sichelförmig, die Fluke konkav mit leichter Mittelkerbe.

Färbung und Zeichnung sind populationsabhängig. Gewöhnlich ist der Schnabel schwarz, die Bauchregion weiß und der Rücken dunkelgrau. Die Flanken besitzen unterschiedliche Grautöne. Eine dünne, schwarze Seitenlinie, die sich vom Auge bis zur Analregion verbreitert, trennt die graue Partie vom weißen Bauch. Eine weitere schwarze Linie verbindet das Auge mit dem schwarzen Flipper. Für einen Beobachter über Wasser sind diese Linien die zuverlässigsten Bestimmungsmerkmale. Die Flanken sind nicht einheitlich gefärbt. Ein hellgraues Band setzt an der Stirn an, verbreitert sich über den Augen und teilt sich unterhalb der Finne. Der obere Teil bildet eine zur Finne zeigende Flamme, der untere reicht bis um den hinteren Schwanzstiel.

Blau-Weiße Delfine vergnügen sich vor den Azoren.

Lebensweise

Habitat – Populationen

Tropische und gemäßigte Gewässer aller Ozeane. Die im Wesentlichen ozeanische Art lebt im Schelfbereich, bisweilen vor Inseln in tiefen Gewässern.

Streifendelfine ziehen häufig gemeinsam mit anderen *Stenella*-Arten oder Gemeinen Delfinen (*Delphinus delphis*) umher und vergesellschaften sich auch mit Thunfischen, weshalb sie vor allem im Ostpazifik oft in Ringwadennetzen mitgefangen werden. Sie wurden jahrhundertelang wegen ihres Fleischs bejagt, in Japan werden auch heute noch jedes Jahr rund 5000 bis 6000 Exemplare erlegt.

Die Spezies scheint nicht unmittelbar gefährdet, soweit Meeresverschmutzung und industrielle Fischerei nicht ihre Nahrungsgrundlage gefährden. Vielfach wird behauptet, es bestünde Territorialkonkurrenz zwischen Blau-Weißen und

Im Mittelmeer kommen Blau-Weiße Delfine häufig vor.

Gemeinen Delfinen z.B. im Mittelmeer. Das werden jedoch erst Langzeitstudien zeigen. Denn Faktoren wie beispielsweise eine mehrjährige Klimaschwankung oder Strömungs- und Temperaturänderungen des Wassers können sich vorübergehend auf eine Art stärker als auf eine andere auswirken, vor allem wenn ihre Nahrungsgrundlage betroffen ist. Meist stellt sich mit der Rückkehr zum Normalzustand auch das Populationsgleichgewicht wieder ein.

Ernährung

Kleine Fische und Tintenfische bis in

200 m Tiefe. Vielerorts sind Wanderungen zu beobachten, die sowohl mit saisonalen Fischwanderungen als auch mit der Fortpflanzung zu tun haben.

Sozialstruktur – Fortpflanzung

Als gesellige Tiere leben Blau-Weiße Delfine zu Zeiten der saisonalen Wanderungen meist in Verbänden zu mehreren Hundert, sogar zu Tausenden. Ein Verband setzt sich aus mehreren nach Geschlecht und Alter gegliederten Untergruppen zusammen. Nach der Entwöhnung verlässt das Junge die »Familie«-Gruppe, um sich einer Gruppe mit unreifen Tieren anzuschließen, bis es nach Erreichen der Geschlechtsreife wieder zur ursprünglichen Gruppe zurückkehrt.

Nach einer Tragzeit von etwa 12 Monaten bringt das Weibchen ein 80 cm bis 1 m großes Junges zur Welt, das 12 bis 18 Monate gesäugt wird. Der Fortpflanzungszyklus beträgt 2 bis 3 Jahre. Die Lebensdauer wird auf durchschnittlich 40 Jahre geschätzt und ist somit deutlich höher als beim Gemeinen Delfin.

Verhalten – Bestimmung

Die äußerst flinken Blau-Weißen Delfine ziehen oft in großen Schulen umher, die ein beeindruckendes Bild abgeben, wenn sie mit flachen Sprüngen übers Wasser schnellen. Geschwindigkeiten von über 25 km/h können sie 30 Minuten und länger halten. Sie sind scheuer als Gemeine Delfine, bleiben meist auf Abstand und wechseln ständig die Richtung. Beim delfintypischen Schnellen kommen sie weit aus dem Wasser, sodass man sie an dem am Auge beginnenden schwarzen Streifen auf heller Körperfärbung zuverlässig bestimmen kann.

Vor den Azoren begegneten wir gemischten Gruppen mit Blau-Weißen und Gemeinen Delfinen (*Delphinus delphis*). Letztere besitzen zwar eine ähnliche Gestalt, sind jedoch am charakteristischen Sanduhrmuster an der Seite zu erkennen. Außerdem fehlt ihnen der schwarze Streifen und das hellgraue Flammenmuster der Blau-Weißen Delfine.

Blau-Weiße Delfine ziehen oft in kompakten Schulen umher.

Zügeldelfin

Atlantic spotted dolphin

Stenella frontalis

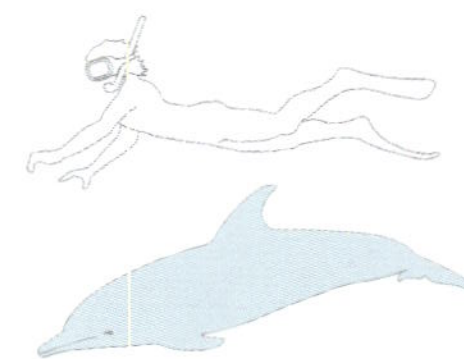

Namensherkunft

Von griech. *stenos* »gerade« und lat. *frontalis* »Stirn-«. Die Varietät der nordamerikanischen Ostküste galt bis vor geraumer Zeit als eigene Art: *Stenella plagiodon*, von griech. *plagios* »geneigt« und *odontos* »Zahn«.

Beschreibung

Abgesehen von ihrer Ähnlichkeit mit Schlankdelfinen (*Stenella attenuata*) variiert das Aussehen von Zügeldelfinen stark zwischen den Populationen und sogar zwischen Individuen. Gewöhnlich ist ihr Körper gedrungener als der des Schlankdelfins. Die Größe erwachsener Tiere liegt zwischen 1,66 und 2,29 m. Das Rekordgewicht beträgt 143 kg.

Im Verhältnis sind Flipper, Finne und Fluke größer als beim Schlankdelfin, in der Form jedoch identisch. Ober- und Unterkiefer besitzen jeweils 60 bis 84 konische Zähne.

Ein erwachsener und ein jugendlicher Zügeldelfin vor den Bahamas.

Eine Schule mit über 30 Zügeldelfinen vor den Azoren.

Die Färbung der beiden Arten ist ähnlich, Zügeldelfine weisen aber eine deutliche helle Zeichnung in Form einer Flamme an den Flanken auf, die über dem Flipper etwa auf halber Körperhöhe beginnt und auf dem Rücken unterhalb der Finne endet. Bei den Küstenpopulationen sind die Flecken stärker ausgeprägt und verschmelzen mitunter zu einem gleichmäßigen hellen Farbton, der bei älteren Tieren sogar die seitliche Flamme verdecken kann.

Lebensweise

Habitat – Populationen

Die Art bewohnt die tropischen und gemäßigten Gewässer des Atlantiks (bis 40° N). An der amerikanischen Ostküste, im Golf von Mexiko, vor den Antillen und an der Küste von Kolumbien und Venezuela kommt sie häufig vor. Auch im offenen Meer vor Brasilien und Argentinien sowie vor der Westküste Afrikas wurden vereinzelt Zügeldelfine beobachtet. Man begegnet ihnen oft bei den Kanaren und Azoren sowie bei St. Helena. Da sie häufig mit Schlankdelfinen verwechselt werden, gibt es bis heute keine gesicherten Bestandszahlen. Bejagt werden sie zum Teil vor den Antillen, insbesondere auf St. Vincent. Als Beifang geraten sie in die Ringwadennetze der Thunfischer und in Treibnetze vor Brasilien und Argentinien. In Delfinarien sind sie wegen der hohen Sterberate in Gefangenschaft kaum vertreten. Massenstrandungen kommen bei Fleckendelfinen (*S. frontalis* und *S. attenuata*) nur selten vor.

Ernährung

Ozeanische Populationen ernähren sich von Hochseefischen und Tintenfischen, Küstenpopulationen von riff- und bodenbewohnenden Fischen sowie von Krebstieren. Vor den Bahamas sahen wir sie regelmäßig mit der Schnauze im Sand wühlen, um Rasiermesserfische aufzustöbern. In ihrer Gesellschaft befanden sich Große Tümmler (*Tursiops truncatus*) und Atlantische Ammenhaie (*Ginglymostoma cirratum*): Friedlich fraß jeder vor sich hin, ohne sich um den anderen zu kümmern.

Sozialstruktur – Fortpflanzung

Die gesellige Art lebt in Schulen, die mehrere Dutzend bis mehrere Hundert Tiere umfassen können. In den tiefen Gewässern der Azoren und Kanaren beobachteten wir sie gewöhnlich in 25- bis 50-köpfigen Gruppen, während die Schulen in den nur 10 m tiefen Gewässern vor den Bahamas selten so kopfstark waren. Über die Fortpflanzung ist wenig bekannt, abgesehen von der 11- bis 12-monatigen Tragzeit. Neugeborene sind etwa 1 m groß und werden ein Jahr und länger gestillt.

Verhalten – Bestimmung

Als Jungtiere können Zügeldelfine mit Großen Tümmlern (*Tursiops truncatus*) verwechselt werden, die jedoch größer sind und einen kürzeren Schnabel besitzen. Schlüsselmerkmale zur Bestimmung eines erwachsenen Zügeldelfins sind die Flecken (zumindest auf dem Rücken) und die charakteristische Flammenzeichnung an der Seite. Bei den ostatlantischen Populationen vor den Azoren und Kanaren fehlen die Tüpfel auf der Bauchseite völlig. Sie sind zudem merklich kleiner und gedrungener als ihre küstenbewohnenden Verwandten vor dem nordamerikanischen Kontinent.

Die vor den Azoren lebenden Zügeldelfine sind deutlich kleiner als ihre Verwandten in der Karibik.

Spinnerdelfin

Spinner dolphin

Stenella longirostris

Namensherkunft

Von griech. *stenos* »gerade«. Von lat. *longus* »lang« und *rostrum* »Schnabel, Nase«. Es gibt mehrere geografische Varietäten mit geringfügigen Unterschieden in Aussehen und Größe. Trivialname: von engl. *to spin* »sich drehen«. **Anderer Name:** Ostpazifischer Delfin

Beschreibung

Die Art besitzt eine sehr schlanke Gestalt. Im Pazifik werden die Männchen 2,20 m lang und 75 kg schwer, im Roten Meer nur 1,80 m bzw. 50 kg. Bei beiden bleiben die Weibchen etwas kleiner.

Der lange, schlanke Schnabel ist durch eine deutliche Stirnfurche von der Melone abgesetzt. Die gerade Mundlinie zeigt zum Auge. Der Unterkiefer überragt den Oberkiefer, in beiden sitzen jeweils 90 bis 130 feine, spitze Zähne.

Die Flipper laufen an den Enden spitz zu, die Finne ist sichelförmig, die Fluke groß und konkav mit winziger Mittelkerbe. Bei erwachsenen Männchen weist der Schwanzstiel oben und unten eine Verdickung auf, die ihre hintere Körperpartie massiver wirken lässt als bei Jungtieren und Weibchen.

Die Körperfärbung ist gewöhnlich in vier nahezu gleich breite Querstreifen geteilt. Ein dunkelgraues Band bedeckt die Schnabeloberseite und verläuft über das Auge bis zum gleichfarbigen Flipper.

Lebensweise

Habitat – Populationen

Der Kosmopolit lebt in allen tropischen

Der lange, schlanke Schnabel hat dem Spinnerdelfin seinen wissenschaftlichen Namen eingetragen.

Im Dolphin Reef in Ägypten nähern sich Spinnerdelfine ganz ohne Scheu den Schwimmern.

und subtropischen Zonen. Gewöhnlich findet man ihn auf der Hochsee, an Küsten nur bei ausreichend tiefen Gewässern. Er kommt fast überall häufig vor.

Die größte Gefahr für Spinnerdelfine stellt die industrielle Fischerei dar, die ab 1960 stark zunahm. Jedes Jahr starben bis in die 1990er-Jahre Tausende Delfine in den Netzen, weil sie sich häufig mit Thunfischen vergesellschaften. Seither müssen, dank des Engagements verschiedener US-Naturschutzorganisationen, insbesondere im Ostpazifik Beobachter mit an Bord der Thunfischer sein, die mit Ringwaden operieren (ringförmig ausgelegtes Netz, das von Schwimmern an der Oberfläche gehalten und mit Schnüren unten zugezogen wird). So darf in den USA Konserventhunfisch nur dann als »delfinsicher« vermarktet werden, wenn beim Fang keine Delfine verletzt oder getötet und Kontrollen zugelassen wurden. Fangflotten, die den Beifang von Delfinen billigend in Kauf nehmen oder ihr Handwerk ohne jegliche Skrupel illegal oder als Piratenfischer betreiben, bedeuten weiterhin eine Gefahr.

Ernährung

Hauptsächlich kleine Fische und Kalmare, gelegentlich in Tiefen von mehreren Hundert Metern. Im Unterschied zu ihren Verwandten, den Fleckendelfinen (*Stenella attenuata* und *S. frontalis*), mit denen sie sich häufig vergesellschaften, jagen Spinnerdelfine in der Regel nachts.

Solange er sich von Muttermilch ernährt, weicht der kleine Spinnerdelfin nicht von der Seite seiner Mutter.

Sozialstruktur – Fortpflanzung

Die gesellige Art lebt in Schulen, die mehrere Dutzend bis mehrere Hundert Tiere zählen können und in kleine Familiengruppen gegliedert sind. Ihre »Sprache« ist sehr intensiv und zeugt von einer hoch entwickelten Sozialstruktur.

Nach einer Tragzeit von 10 bis 11 Monaten bringt das Weibchen ein etwa 70 cm großes Kalb zur Welt. Der Fortpflanzungszyklus beträgt populationsabhängig 2 bis 3 Jahre, auch weniger, wenn durch Überfischung verursachte Verluste auszugleichen sind.

Manche Populationen sind resident, wie beispielsweise vor der brasilianischen Insel Fernando de Noronha (ca. 500 Delfine) und im Roten Meer im ägyptischen Atoll Shaab Sataya (ca. 100 Delfine). Dort gehen die Delfine nachts in Gruppen auf Jagd und halten sich tagsüber in geschützten, flachen Zonen auf.

Verhalten – Bestimmung

Der verspielte Delfin vollführt häufig spektakuläre Sprünge, bei denen er sich in der Luft bis zu siebenmal um die eigene Längsachse dreht. Ohne Scheu nähert er sich Booten und reitet in Bugwellen, was ihm nicht selten zum Verhängnis wird (vor den Antillen wird er bejagt).

Der schmale, schwarze Schnabel und der bei erwachsenen Männchen dicke Schwanzstiel unterscheiden ihn vom Schlankdelfin, der häufig in denselben Gewässern vorkommt, allerdings tagsüber auf Jagd geht.

Schon lange leben vor der brasilianischen Insel Fernando de Noronha ortstreue Spinnerdelfine.

Großer Tümmler

Bottlenose dolphin
Tursiops truncatus

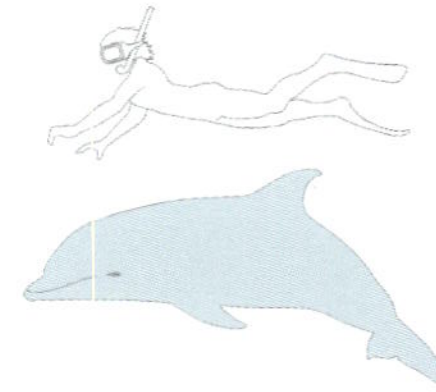

Namensherkunft

Von lat. *tursio* »delfinähnliches Tier«, von griech. *ops* »Gesicht« sowie von lat. *truncatus* »abgeschnitten«.

Beschreibung

Je nach Lebensraum wird ein erwachsenes Männchen 2 bis 4 m lang und 150 bis 600 kg schwer. Die Weibchen bleiben etwas kleiner.

Der kurze, mehr oder minder schlanke Schnabel ist von der Melone durch eine tiefe Furche deutlich abgesetzt. Der Unterkiefer überragt den Oberkiefer. Die Mundlinie ist nach oben gebogen und verleiht der Art das scheinbar ständige »Lächeln«, das oft als Fröhlichkeit fehlinterpretiert wird. Ober- und Unterkiefer besitzen jeweils 36 bis 54 kräftige Zähne (bis zu 1 cm Durchmesser). Die Flipper sind dreieckig, die mittelgroße, auf halber Körperlänge sitzende Finne ist sichelförmig, die Fluke groß, konkav und in der Mitte tief gekerbt.

Jean-Louis lebte 14 Jahre lang vor der Pointe du Raz in der Bretagne, bevor er wieder verschwand.

Die schiefergraue Färbung des Rückens hellt sich zu Kehle und Bauch hin auf, der manchmal rosafarben sein kann.

Lebensweise

Habitat – Populationen

Der Kosmopolit bevorzugt gemäßigte und tropische Gewässer und meidet hohe Breiten. Er bewohnt vornehmlich Küstengebiete und wagt sich sogar in Mündungen und Häfen. Wanderungen dürften überwiegend nahrungsbedingt sein. Weltweit scheinen Große Tümmler nicht gefährdet. Als robuste und organisierte Lebewesen meistern sie Gefahren besser als andere Arten. Doch ihre fehlende Scheu vor Menschen wird ihnen bisweilen zum Verhängnis: In Nordeuropa, in der Karibik, in Afrika, Indonesien, auf den Philippinen und in China stellt man ihnen wegen ihres Fleisches nach. Ebenso in Japan, wo man sie besonders grausam abschlachtet. Lebendfänge für Delfinarien können kleinere Populationen, wie beispielsweise in der Karibik und vor Westafrika, ernsthaft schädigen.

Ernährung

Als opportunistische Räuber finden Große Tümmler stets Nahrung, wodurch sich auch ihre weite Verbreitung erklärt. Der geschickte und oft geniale Taktierer kann einen ganzen Sardinenschwarm an die Oberfläche treiben, er wühlt im Sand, um Fische aufzustöbern, oder wirft sich bei der Verfolgung panischer Fische willentlich auf die Schlammbänke in den Mangroven. Auch menschliche Aktivitäten macht er sich zunutze, wie beispielsweise vor Mauretanien, wo er einheimischen Fischern die Beute in die ausgelegten Netze treibt, um sich anschließend seinen Anteil zu nehmen. Tintenfische und Krebstiere gehören ebenfalls zu seinem Speiseplan.

Sozialstruktur – Fortpflanzung

In der Regel findet man sie in Küstennähe in 2- bis 20-köpfigen Gruppen, zur Paarungszeit können sie jedoch in Schulen zu Hunderten übers offene Meer ziehen. Große Tümmler sind größtenteils sozial lebend und solidarisch, egal ob es sich um »Geburtshilfe«, um gemeinsame Jagd und Feindabwehr oder um Hilfe für einen Artgenossen in Not dreht.

Bei Delfinen, die aus unerfindlichen Gründen einzelgängerisch leben, handelt es sich meist um Große Tümmler. Sie bewohnen eine abgeschiedene Bucht oder streifen in einem mehrere Hundert Kilometer langen Gebiet umher. Gemeinsamer Nenner beider Extreme: die Suche nach menschlicher Nähe. Seit dem Auftauchen von Jean-Louis, einer Delfindame, die 14 Jahre lang vor der Pointe du Raz in der Bretagne lebte, sucht man vergeblich nach einer Erklärung für dieses Verhalten.

Die sexuelle Reife erlangen Männchen mit 10 bis 12 Jahren, Weibchen mit 9 bis 10

Ein Großer Tümmler schwimmt in der Bugwelle eines Schiffs in den klaren Gewässern vor den Azoren.

Jojo, ein einzelgängerischer Großer Tümmler vor den Turks- und Caicosinseln, verhält sich Tauchern gegenüber sehr zutraulich.

Jahren. Nach einer 12-monatigen Tragzeit bringt die Mutter ein ca. 1 m großes Junges zur Welt, das sie 12 bis 18 Monate lang stillt. Bereits mit 6 Monaten frisst es auch Fisch. Der Fortpflanzungszyklus beträgt je nach Region 2 bis 3 Jahre, die Lebenserwartung 30–40 Jahre. Strandungen sind relativ häufig.

Verhalten – Bestimmung

Große Tümmler haben ein vielfältiges Verhaltensrepertoire und zeigen sich Menschen gegenüber mitunter neugierig. Verwechslungen mit anderen Arten sind je nach Lebensraum möglich. Der ebenfalls in allen Meeren vorkommende Rauzahndelfin (*Steno bredanensis*) hat eine weniger konvexe Melone, die zudem nicht wie beim Großen Tümmler durch eine deutliche Furche vom Schnabel abgesetzt ist.

Am häufigsten sind Verwechslungen mit Fleckendelfinen (*Stenella attenuata* und

Wegen der kurzen Schnauze und der aufgewölbten Melone heißt der Große Tümmler im englischen Sprachraum »Flaschennasen-Delfin« (*bottlenose dolphin*).

S. *frontalis*), vor allem mit deren noch fleckenlosen Jungtieren. Diese besitzen jedoch eine schlankere Gestalt, einen schmaleren Schnabel und eine stärker nuancierte Körperfärbung. Auch Rundkopfdelfine (*Grampus griseus*) bewohnen oft denselben Lebensraum, ihre Finne ist aber deutlich größer und ihnen fehlt ein langer Schnabel. Ältere Exemplare sind zudem leicht an der von zahlreichen Kratzern herrührenden weißen Körperfärbung zu erkennen.

Bei Kreuzungen kann sich die Identifizierung schwieriger gestalten. Große Tümmler paaren sich, wenngleich nur sehr selten, auch mit anderen Arten, wie Rauzahn-, Flecken- und Rundkopfdelfinen, Grindwalen und Kleinen Schwertwalen.

Über den einst bei der US-Marine »angestellten« und wieder ausgewilderten Militärdelfin Jojo gibt es zahlreiche Verhaltensstudien.

Indischer Grindwal

Short-finned pilot whale
Globicephala macrorhynchus

Namensherkunft

Von lat. *globus* »Kugel, Ball« und von griech. *kephale* »Kopf«. Von griech. *makros* »lang, massig« und *rhynchos* »Schnabel, Nase«.

Beschreibung

Der Körper ist lang und massiv. Männchen werden 5 bis 7 m lang und 2 bis 4 t schwer, Weibchen 3,50 bis 5 m bzw. 1,5 t, selten schwerer. Es bestehen erhebliche Größenunterschiede zwischen den Populationen der Süd- und Nordhemisphäre, Letztere sind etwa 1 m größer.

Mit dem Alter tritt die Melone immer deutlicher hervor, bis sie schließlich den Schnabel überragt. Die Mundlinie verläuft Richtung Auge, die Mundwinkel zeigen leicht nach unten. Die Flipper sind sichelförmig und kleiner als beim Gewöhnlichen Grindwal (*Globicephala melas*), auch fehlt deren »Ellenbogen« an der Vorderkante. Die Finne besitzt ebenfalls Sichelform, bei älteren Männchen sogar Hakenform, sowie eine rundliche Spitze. Die geschweifte Fluke ist leicht konkav und in der Mitte gekerbt.

Stößt ein Grindwal Luftblasen aus, sollte man lieber Abstand halten.

Faszinierender Anblick: Eine Schule Indischer Grindwale schwimmt in geschlossener Reihe nebeneinander her.

Von der Oberfläche aus gesehen kann die Körperfärbung gleichmäßig dunkel erscheinen, beim Tauchen wird man aber eine charakteristische helle Zeichnung in Form eines Y erkennen. Die oberen Schenkel des Y umgreifen die Finne und verschmelzen dahinter zu einem bis zur Fluke reichenden Schenkel.

Lebensweise

Habitat – Populationen

Grindwale kommen in ihrem Verbreitungsgebiet häufig vor, sie sind sozial lebende Tiere und oft ortstreu. Gewöhnlich leben sie in 6- bis 20-köpfigen Schulen, bilden zuzeiten aber auch Ansammlungen zu Hunderten, wie wir vor den Sundainseln und Malediven beobachteten. Vor den Kanaren und den Azoren im Atlantik, wo die Populationen anscheinend größtenteils resident sind, folgten wir Verbänden, die zu 50 Tieren und mehr nebeneinander in Reihe schwammen. Man findet die Art im offenen Meer oder vor steilen Küsten mit hohem Kalmarvorkommen.

Seltenes Foto eines Grindwals, bei dem Geschlechts- und Analöffnung zu sehen sind.

Der Weltbestand wird auf mehrere Millionen Tiere geschätzt. Massenstrandungen sind häufig.

Ernährung

Vorwiegend Tintenfische der Hochsee bis in 500 m Tiefe. Tauchgänge können 15 Minuten dauern. Nach dem Durchzug einer Grindwalschule treiben vor den Azoren nicht selten Überreste großer Kalmare und Kraken umher. Man glaubt, dass erwachsene Tiere einen Teil ihrer Beute wieder hervorwürgen, um die Jungen zu entwöhnen (mit 6 Monaten), die noch nicht so tief tauchen können.

Sozialstruktur – Fortpflanzung

Die Sozialstruktur basiert offenbar auf Polygynie, allerdings bleiben – anders als bei Pottwalen – die dominanten Männchen nach der Paarung in der Gruppe, um den Zusammenhalt zu stärken.

Nach einer Tragzeit von etwa 15 Monaten bringen die Weibchen ein 1,50 bis 1,70 m großes Kalb zur Welt. Die Bindung zwischen Mutter und Kind bleibt auch nach der Stillzeit, die ein Jahr und länger dauern kann, sehr eng. Der Fortpflanzungszyklus beträgt 3 bis 5 Jahre. Die Lebenserwartung liegt zwischen 40 und 60 Jahren, wobei die Weibchen offenbar länger leben als die Männchen. In der Gruppe herrscht große Solidarität, insbesondere wenn es darum geht, ein in Not geratenes Mitglied zu retten.

Die Art wurde schon häufig in Gesellschaft von anderen Delfinen, zumeist Großen Tümmlern (*Tursiops truncatus*), beobachtet. Bei Gefahr verbünden diese sich mit dem dominanten Grindwal-Männchen und begeben sich zwischen den Eindringling und den Rest der Gruppe, damit diese fliehen kann. Die Kommunikation scheint sehr komplex zu sein. Sie besteht aus einem vielfältigen Pfeifrepertoire, das es verstreuten Tieren auch ermöglicht, zur Gruppe zurückzufinden.

Vor den Azoren folgt ein Boot mit Whale Watchern einem Grindwal.

Verhalten – Bestimmung

Grindwale sind träge Schwimmer und über Wasser wenig aktiv. Allerdings sieht man eine Schule nicht selten an der Oberfläche ruhen. Sie atmen kurz und laut aus und erzeugen dabei einen breiten Blas, der allerdings aus der Ferne nur schwer zu erkennen ist. In der vertikalen Spähstellung ragt der Kopf aus dem Wasser, die Flipper meist nicht.

Sie können mit Kleinen Schwertwalen (*Pseudorca crassidens*) verwechselt werden, die aber einen flacheren Kopf und eine höhere Finne besitzen. Schwieriger ist es, die beiden Grindwalarten auseinanderzuhalten. Nur eine Beobachtung unter Wasser verschafft Gewissheit. Die Flipper des Gewöhnlichen Grindwals sind lang mit deutlichem Knick, die des Indischen kürzer und sichelförmig. Zudem trägt nur Letzterer die y-förmige, graue Sattelzeichnung um die Finne.

Ein kleiner Indischer Grindwal in Begleitung seiner Mutter vor den Azoren.

Rundkopfdelfin

Risso's dolphin

Grampus griseus

Namensherkunft

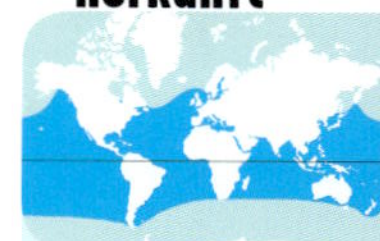

Lat. *grampus* (entstanden aus lat. *grandis* »groß« und *piscis* »Fisch«) bezeichnete in der Antike eine Walart; von lat. *griseus* »grau«. Der englische Name bezieht sich auf den französischen Naturforscher Risso, der 1811 ein an der Mittelmeerküste bei Nizza gestrandetes Exemplar fand.

Beschreibung

Rundkopfdelfine sind robust. Ein erwachsenes Tier wird 3 bis 4 m lang und 300 bis 500 kg schwer.

Die große, steil abfallende Melone und ein kaum vorhandener Schnabel verleihen der Spezies ein kantiges Profil. Eine (nur aus der Nähe erkennbare) flache Furche von Stirn bis Maul teilt den Kopf in zwei Hälften. Die Mundlinie ist gerade oder gebogen und zeigt zum Auge. Im Oberkiefer befinden sich meist keine, im Unterkiefer höchstens 14 kräftige Zähne, die bei älteren Tieren wieder fehlen können. Die Flipper sind lang und sichelförmig. Die körpermittig sitzende Finne ist ebenfalls sichelförmig, die Fluke geschweift und in der Mitte gekerbt.

Die Färbung ändert sich mit dem Alter. Bei Jungdelfinen ist der Körper dunkelgrau mit hellerem Kopf und Bauch. Im Laufe der Zeit bedecken helle Kratzer den Körper, die vermutlich von Kämpfen mit Artgenossen oder Kalmaren stammen. Rundkopfdelfine sind nun nicht streitlustiger als andere Arten. Vielmehr scheint sich die oberste Schicht ihrer Epidermis bei Verletzungen nicht zu erneuern, sodass die helle Unterschicht deutlich zum Vorschein kommt. Ältere Tiere können vollkommen weiß sein, weshalb die Art auf den Azoren den Spitznamen »Müller« erhielt.

Lebensweise

Habitat – Populationen

Der Kosmopolit bevorzugt tropische und gemäßigte Gewässer. Im Atlantik liegt die nördliche Verbreitungsgrenze zwischen Neufundland und den Britischen Inseln, die südliche zwischen der Magellanstraße und Südafrika.

Im Pazifik reicht sein Lebensraum im Norden bis zu den Kurilen, im Süden bis Neuseeland. Man findet ihn im gesamten Indischen Ozean und im Roten Meer. In Küstengewässer dringt er nur vor, wenn sie ausreichend tief für seine Leibspeise, Kalmare, sind.

Auf den Antillen, vor Südamerika, Sri Lanka, den Philippinen, Indonesien und Japan wird die Art örtlich gelegentlich bejagt. Dennoch ist sie allem Anschein nach nicht gefährdet. In Japan und den USA wird sie bisweilen für Delfinarien gefangen, doch wie alle Cetaceen der

Springender Rundkopfdelfin im Mittelmeer.

»Tiefe« überlebt sie die Beckenhaltung nicht gut.

Ernährung

Rundkopfdelfine verzehren ab und zu zwar auch Fische, vorzugsweise jedoch Kalmare, wie auch ihr Gebiss erkennen lässt. Denn sie tragen, wie alle Arten, die sich vorwiegend von Tintenfischen ernähren, etwa Pottwale und die meisten Schnabelwale, nur im Unterkiefer Zähne.

Sozialstruktur – Fortpflanzung

Die gesellige Art lebt meist in 10- bis 20-köpfigen Gruppen, die bei saisonalen Wanderungen auch größer sein können. Vor den Azoren beobachteten wir wie-

Rundkopfdelfine vor den Azoren bei der gemeinsamen Jagd in einem Sardinenschwarm.

derholt eine Familiengruppe mit etwa zwanzig Tieren, in der jedes Kleine von zwei Erwachsenen begleitet wurde, während etwas abseits die »Junggesellen« mit Flukenschlägen aufs Wasser und Luftsprüngen lautstarke Vorstellungen gaben.

Nach einer Tragzeit von etwa 12 Monaten bringt das Weibchen ein 1,20 bis 1,50 m großes Baby zur Welt. Die Spezies ist noch zu wenig erforscht, um Aussagen über den Fortpflanzungszyklus machen zu können. Man weiß aber, dass Paarungen mit Großen Tümmlern vorkommen. Die Lebenserwartung beträgt 20 bis 30 Jahre.

Verhalten – Bestimmung

Aus der Ferne ist eine Verwechslung mit Großen Tümmlern möglich, zumal die beiden Arten sich gern vergesellschaften. Rundkopfdelfine besitzen jedoch keinen langen Schnabel, dafür eine höhere Finne, zudem sind Erwachsene mit weißen Kratzern übersät. Ihre Fluke ist beim Abtauchen sichtbar, aber nicht, wenn sie mit langen Sprüngen übers Wasser schnellen. Gelegentlich ziehen mehrere Tiere Flipper an Flipper in einer Frontlinie umher.

Rundkopfdelfin vor den Azoren.

Schwertwal

Killer whale
Orcinus orca

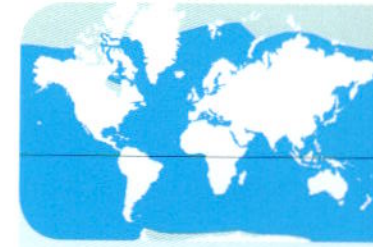

Namensherkunft
Möglicherweise von lat. *orca* für eine Walart oder *orcynus* für eine Thunfischart. **Andere Namen:** Orca, Killerwal.

Beschreibung

Schwertwale sind die größten Mitglieder der Delfinfamilie. Männchen können 9 m groß und 9 t schwer werden, Weibchen 7 m bzw. 4 t.

Der Kopf ist spitzbogenförmig, der Schnabel von der Melone kaum abgesetzt. Ober- und Unterkiefer besitzen jeweils 20 bis 26 kräftige Zähne mit ovalem Querschnitt, die bei erwachsenen Männchen 12 cm lang werden können. Die Flipper sind oval. Bei Männchen ist die Finne dreieckig und bis zu 1,80 m hoch, sie sitzt leicht vor der Körpermitte. Bei Weibchen ist sie niedriger und sichelförmig. Die konkave Fluke besitzt eine deutliche Mittelkerbe. Die Flukenspitzen sind nach unten gewölbt, insbesondere bei erwachsenen Männchen. Die Körperoberseite ist schwarz, die Unterseite vom Unterkiefer bis zur Analregion weiß, ebenso ein nach hinten zeigender »Finger« an den Flanken sowie die Flukenunterseite. Über dem Auge sitzt ein lang gezogenes weißes Oval. Der graue »Sattel« hinter der Finne zählt zu den individuellen Erkennungsmerkmalen.

Lebensweise

Habitat – Populationen

Orcas sind die Delfine mit der größten Verbreitung. Auf beiden Erdhalbkugeln findet man sie von der Eisgrenze bis zum Äquator. In Kanada, wo sie unter strengem Schutz stehen, werden sie bereits seit über 40 Jahren vor Vancouver Island wissenschaftlich erforscht. Dort unterscheidet man drei Populationen: die *residents* (ortstreu oder resident), *transients* (nicht resident, durchziehend) und die

Azoren: Die Finne eines »nicht residenten« männlichen Orcas ist weniger aufrecht als die seines vor Vancouver Island »residenten« Artgenossen.

offshore-Population (auf der Hochsee lebend). Die residenten Tiere ernähren sich von Fisch, vorzugsweise Lachs, während die nicht residenten Tiere Jagd auf Meeressäuger machen. Die weniger gut bekannte Hochseepopulation soll sich von Fisch ernähren.

1970 führte die Überfischung im Nordatlantik zur Vertreibung der Heringe (*Clupea harengus*) aus ihren Überwinterungsgebieten an der isländischen Küste. Seither findet man sie im Winter nordwestlich von Norwegen, wohin ihnen die Orcas folgten. Von 1971 bis 1981 töteten norwegische Fischer 369 »Nahrungskonkurrenten« allein in der Region der Lofot- und Vesterålinseln. Mit dem Walfangmoratorium der Internationalen Walfangkommission von 1986 endete auch dieses Massaker. Zum Weltbestand gibt es keine gesicherten Angaben. 1993 zählte man vor Britisch-Kolumbien und dem US-Staat Washington 305 residente Tiere (*residents*), 170 durchziehende (*transients*) und etwa 200 auf der Hochsee (*offshore*) – das sind insgesamt nicht einmal 700 Orcas und damit weit

Drei Schwertwale tauchen vor den Azoren auf: ein Männchen, ein Weibchen und ein Jungtier.

weniger, als man bis dahin angenommen hatte.
Heute stellt man Orcas noch in Island, Japan, Korea und in einigen Staaten der ehemaligen Sowjetunion nach. Zudem werden sie für Delfinarien gefangen. Auch wenn dies nur einen geringen Prozentsatz des Weltbestands betrifft, so bedeutet es oft den frühen Tod des gefangenen Tieres und eine Destabilisierung der engen Sozialverbände.

Im Sozialverband umherziehende Orcas vor Vancouver Island (Kanada).

Ernährung

Mit dem Menschen als einzigem potenziellen Feind besetzen Orcas die obersten Nahrungsstufen. Von Oktober bis Januar findet man sie zuhauf vor den Lofot- und Vesterålinseln auf Heringsjagd (allein im Gebiet von Tys- und Ofotfjord etwa 500 Orcas). Mit allen erdenklichen Mitteln treiben sie in einer Art »Karussell« die Fische an die Oberfläche: Sie schrecken sie mit ihren weißen Körperpartien, stoßen Luftblasen aus und erzeugen wahre Kakofonien. Zum Schluss betäuben sie die Beute mit einem Flukenschlag und verzehren sie.

Sozialstruktur – Fortpflanzung

Die stark strukturierte matriarchalische Gesellschaft wird durch eine gemeinsame Sprache gefestigt. Der Basisdialekt einer residenten Orcagruppe ist erstaunlich stabil, sodass man anhand dessen sogar Stammbäume erstellen kann. Vor Vancouver Island ermittelte man fünf Gruppentypen:

Vor Patagonien jagen Schwertwale junge Seelöwen, die versuchen, zu ihrer Kolonie zu gelangen.

Die **matriarchalische Basisgruppe** (3 bis 9 Tiere), die von einem Weibchen angeführt wird und 4 Generationen umfassen kann.

Der »**Subpod**« besteht aus 1 bis 11 stabilen matriarchalischen Gruppen.

Der »**Pod**« (10 bis 20 Tiere) besteht aus 1 bis 4 »Subpods«, die zusammenleben.

Der »**Clan**« umfasst mehrere »Pods«. Je weiter die einzelnen »Pods« von der ursprünglichen gemeinsamen Gruppe entfernt sind, desto größer die Unterschiede in ihrer »Sprache«.

Die »**Gemeinde**«. 1993 bestand die »Gemeinde« nördlich von Vancouver Island aus 3 »Clans« und 16 »Pods« mit insgesamt 209 Orcas, die südliche aus 1 »Clan« und 3 »Pods« mit insgesamt 96 Orcas.

Eine Gruppe, an deren Spitze nur noch ein älteres Weibchen steht, löst sich gewöhnlich auf. Zur Vermeidung von Inzest verlassen die erwachsenen Männchen die Gruppe vorübergehend zur Paarung mit Partnern aus anderen Gruppen. Die Tragzeit dauert 16 bis 17 Monate, die Stillzeit mindestens 1 Jahr. Neugeborene messen ca. 2,50 m und wiegen 200 kg. Ihre Chance, das erste Jahr zu überleben, liegt statistisch bei 60 %.

Ab einem Alter von 15 Jahren bekommen Weibchen 4 bis 6 Mal Nachwuchs und können nach der letzten Geburt noch 20 Jahre leben. Ihre Lebenserwartung von 70 bis 80 Jahren ist etwa 30 Jahre höher als die der Männchen.

Verhalten – Bestimmung

Gestalt und Körperfärbung der Orcas sind unverkennbar. Sie sind sehr lebhaft, schnellen in flachen Sprüngen übers Wasser, springen gern und begeben sich häufig in die Spähstellung (*spyhopping*), um ihre Umgebung in Augenschein zu nehmen.

Die Finne eines vor Vancouver Island »residenten« Orca-Männchens erreicht eine Höhe von 1,80 m.

Breitschnabeldelfin

Melon-headed whale

Peponocephala electra

Namensherkunft

Von griech. *pepon* »Melone, Feldflasche« und *kephale* »Kopf«. *Electra* ist eine der Nymphen aus der griechischen Mythologie.

Beschreibung

Erwachsene Männchen werden 2,20 bis 2,70 m lang und 150 bis 170 kg schwer. Die Weibchen bleiben etwas kleiner. Neugeborene messen ca. 80 cm.

Obwohl Breitschnabeldelfine im Englischen den Trivialnamen »Melonenkopf-Wale« tragen, stellen sie in dieser Hinsicht keine Konkurrenz für Grindwale dar. Das Maul ist kurz und gerade und birgt jeweils 40 bis 50 Zähne in Ober- und Unterkiefer. Die Lippen und die Spitze des Unterkiefers sind weiß. Sie besitzen schmale, lange Flipper (20 % der Körperlänge), eine hohe, spitze Finne auf der Körpermitte sowie eine geschweifte Fluke mit deutlicher Mittelkerbe.

Der Körper ist dunkelgrau gefärbt. Ein helleres Dreieck setzt unter der Kehle an und reicht bis zwischen die Flipper. Eine Partie auf dem Kopf sowie das Cape beiderseits der Finne sind anthrazitfarben. Diese Farbpartien sind bei einer Beobachtung über Wasser kaum zu erkennen, insbesondere wenn das Tier schnell schwimmt.

Lebensweise

Habitat – Populationen

Alle tropischen und subtropischen Zonen. Von seltenen Ausnahmen abgesehen meiden sie gemäßigte Zonen. Die Hochseebewohner leben in der Regel am Rande des Kontinentalsockels oder vor weit abgelegenen Ozeaninseln und Atollen. Beobachtungen stammen meist aus dem Pazifik: Hawaii, Französisch-Polynesien, Australien, Japan, Philippinen und Malediven. Im Atlantik vor den Antillen. Massenstrandungen ereignen sich im gesamten Verbreitungsgebiet.

Die Schulen der äußerst geselligen Breitschnabeldelfine können aus mehreren Hundert Tieren bestehen (Marquesainseln).

Ernährung

Breitschnabeldelfine ernähren sich offenbar vielseitig. Im Magen gestrandeter Exemplare fand man Kalmarreste und kleine Fische.

Die geselligen und flinken Tiere sind mit kleinen Delfinen der Hochsee vergleichbar, die bei der Jagd sowohl auf Zahlenstärke als auch auf Wendigkeit setzen. Meistens verfolgen sie ihre Beute in kompakten Gruppen und sind dabei so schnell, dass das Meer regelrecht brodeln soll. Erkenntnisse über eventuelle Wanderungen gibt es bislang nicht.

Sozialstruktur – Fortpflanzung

Die Schulen umfassen selten weniger als 100 Mitglieder. Ansammlungen von über 1000 Tieren bleiben dagegen die Ausnahme und könnten mit der Paarungszeit zusammenhängen, über die man allerdings recht wenig weiß. Es wurde beobachtet, wie Partner bei Paarungsspielen Bauch an Bauch schwammen, sich mit ihren Flippern berührten und den vorderen Körperteil aus dem Wasser streckten. Dass derartige Versammlungen eine komplexe Sozialstruktur aufweisen (abgesehen von der Mutter-Kind-Beziehung), ist kaum vorstellbar.

Mit ihren weiß umrandeten Lippen ködern Breitschnabeldelfine in der Dunkelheit Kalmare.

Verhalten – Bestimmung

Die beachtlichen Gruppengrößen und die enorme Schnelligkeit sind wichtige Hinweise zur Artbestimmung. Verwechslungen sind möglich mit dem Zwerggrindwal (*Feresa attenuata*), der allerdings etwas kleiner ist, eine stärker aufgewölbte Melone und rundlichere Flipperenden besitzt. Zudem ist er deutlich weniger gesellig.

Auch der Kleine Schwertwal (*Pseudorca crassidens*) weist gewisse Ähnlichkeiten mit dem Breitschnabeldelfin auf, ist aber gut doppelt so groß. Darüber hinaus ist seine Finne gebogener und an der Spitze abgerundet.

Wie andere Schwert- und Grindwale gewähren auch Breitschnabeldelfine ihrem Nachwuchs »Schutzbegleitung«.

Kleiner Schwertwal

False killer whale

Pseudorca crassidens

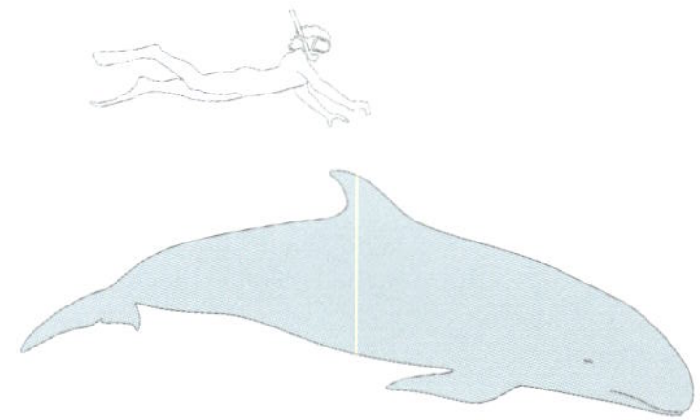

Namensherkunft

Von griech. *pseudês* »verlogen, falsch«, lat. *orca* für eine Walart. Wörtlich »Falscher Orca«, wegen der Ähnlichkeit mit dem Orca (*Orcinus orca*). Von lat. *crassus* »dick« und *dens* »Zahn«.

Beschreibung

Männchen erreichen 4 bis 6 m Länge und ein Gewicht von 2 t, Weibchen 3 bis 5 m Länge bzw. 1,2 t. Neugeborene messen 1,50 m und wiegen 80 kg.

Die Melone überragt den Unterkiefer. Die gerade Mundlinie verläuft Richtung Auge. Ober- und Unterkiefer besitzen jeweils 14 bis 22 kräftige Zähne mit runder Basis. Die Flipper sind recht kurz und ellenbogenartig geknickt. Die hinter der Mitte sitzende Finne ist mittelgroß und sichelförmig, die Fluke mäßig groß mit Mittelkerbe.

Mit Ausnahme der helleren Unterseite zwischen den Flippern ist der Körper schwarz.

Lebensweise

Habitat – Populationen

Ihr Verbreitungsgebiet umfasst tropische und gemäßigte Zonen und reicht in der Nordsee bis zur skandinavischen Küste, auf der Südhalbkugel nicht über den 40. Breitengrad hinaus. Bei Fischern sind Kleine Schwertwale unbeliebt, da sie sich gern Beutefische vom Angelhaken schnappen. In der Karibik und in Japan bejagt man sie auch. Gelegentlich werden sie in Delfinarien gehalten. Sie gehören mit zu den häufigsten Opfern von Massenstrandungen. Der Weltbestand scheint stabil.

Ernährung

In Küstengewässer dringen Kleine Schwertwale nur vor, wenn diese sehr tief sind. Die schnellen und gefürchteten Räuber machen in der Meute Jagd auf Tintenfische, große Fische und bisweilen auf Meeressäuger, darunter auch Kleinwale.

Sozialstruktur – Fortpflanzung

Die gesellige Art lebt in Gruppen, die 10 bis mehrere Hundert Tiere umfassen können und in Familiengruppen unterteilt sind. Sie kommunizieren intensiv miteinander.

Der Fortpflanzungszyklus ist unbekannt.

Verhalten – Bestimmung

Der flinke Schwimmer schnellt in flachen Sprüngen übers Wasser, vollführt Luftsprünge und reitet oft in Bugwellen. Im Vergleich zu den massigeren und trägeren Grindwalen, mit denen man den Kleinen Schwertwal verwechseln könnte, ist sein Kopf konischer und die Melone weniger stark aufgewölbt.

Südlicher Glattdelfin

Southern rightwhale dolphin

Lissodelphis peronii

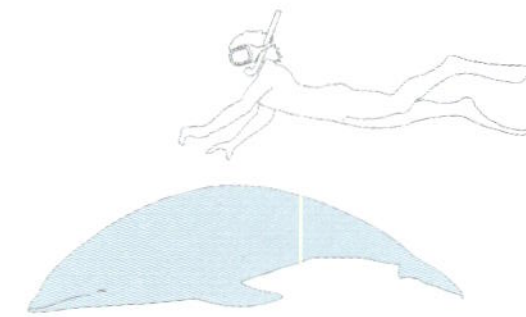

Namensherkunft

Von griech. *lisso* »glatt, flach« und *delphis* »Delfin«. »Glatt, flach« nimmt sowohl Bezug auf die fehlende Finne als auch auf den Körper, der breiter als höher ist. Der französische Naturforscher Peron dokumentierte die Art südlich von Tasmanien auf einer Expedition mit der *Géographe* von 1800 bis 1804.

Beschreibung

Das Erscheinungsbild dieser Art findet sich in der Welt der Delfine nur noch bei ihrem Verwandten, dem Nördlichen Glattdelfin (*Lissodelphis borealis*), wenngleich mit einer weniger eindrucksvollen »Livree«. Männchen erreichen eine Länge von 2 bis 2,50 m und ein Gewicht von ca. 100 kg, Weibchen bleiben etwas kleiner.

Der Südliche Glattdelfin hat eine schlanke Silhouette. Sein Kopf ist konisch und der Schnabel durch eine flache Stirnfurche abgesetzt. Ober- und Unterkiefer besitzen jeweils 86 bis 98 kleine, schmale Zähne. Die Flipper sind sichelförmig, die Finne fehlt. Die obere Körperlinie bildet einen vom Blasloch zur Fluke durchgehenden Bogen. Die konkave Fluke ist mäßig groß und in der Mitte gekerbt.

Die Oberseite ist von der Stirnmitte bis einschließlich Fluke schwarz, die Bauchseite bis zum Ansatz der Fluke weiß. Schnabel und Flipper sind ebenfalls weiß. Die Flukenunterseite ist etwas dunkler.

Lebensweise

Habitat – Populationen

Südliche Glattdelfine bewohnen die tiefen, kalmarreichen Gewässer aller gemäßigten Zonen der Südhemisphäre, vornehmlich vor Chile, Südafrika, Australien und Neuseeland. In der kalten Antarktis scheinen sie nicht vorzukommen. Da sie Menschen gegenüber meist scheu sind, wissen wir recht wenig über sie.

Ernährung

Im Magen gestrandeter Exemplare fand man Kalmarreste, vereinzelt auch pelagische Fische.

Sozialstruktur – Fortpflanzung

Die Gruppengröße reicht von wenigen Tieren bis zu über Tausend, die in aufeinanderfolgenden Sprüngen übers Wasser spurten. Über den Fortpflanzungszyklus ist nichts bekannt.

Verhalten – Bestimmung

Südliche Glattdelfine reiten manchmal in der Bugwelle von Booten. Ein sicheres Erkennungsmerkmal ist die fehlende Finne. Auch der auffällige Kontrast zwischen schwarzem Rücken und weißer Kopfspitze ist ein hilfreiches Unterscheidungskriterium.

Irawadidelfin

Irrawaddy dolphin
Orcaella brevirostris

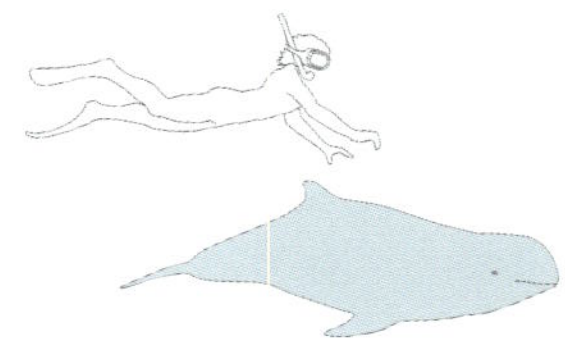

Namensherkunft

Von lat. *orca* für eine Walart, *brevis* »kurz« und *rostrum* »Schnabel«. In systematischer Hinsicht eine »wandernde Art«: Vor geraumer Zeit wanderte sie von der Delfinfamilie (Delphinidae) zur Familie der Gründelwale (Monodontidae), um im Laufe der 1990er-Jahre wieder zur ursprünglichen Familie zurückzukehren.

Beschreibung

Irawadidelfine werden durchschnittlich 2,50 m groß und 150 kg schwer.

Sie ähneln zwar Belugas, verfügen aber im Gegensatz zu diesen über eine (etwas hinter der Körpermitte sitzende) Finne. Die zart gerunzelte Haut ist gewöhnlich hellgrau. Ihr Kopf ist rund und beweglich, weil nur zwei der Halswirbel miteinander verschmolzen sind. Wie Belugas können auch Irawadidelfine ihren »Gesichtsausdruck« verändern. Welchem Zweck dies dient, ist jedoch unbekannt. Im Oberkiefer sitzen 34 bis 40 Zähne, im Unterkiefer 30 bis 36.

Lebensweise

Habitat – Populationen

Der Lebensraum der Irawadidelfine wird im Westen durch die indische Ostküste begrenzt, im Osten durch die Nordhälfte Australiens und Neuguinea. Sie ziehen Küsten- und Mündungsgewässer der hohen

Wie andere Delfine liebt auch der *pesut* (wie die Art auf Indonesisch heißt) »Streicheleinheiten«.

See vor und schwimmen auch mehrere Hundert Kilometer flussauf. In Indien, Kambodscha und Borneo gibt es sogar Populationen, die ausschließlich und sicherlich schon seit vielen Generationen in Süßwasserseen leben.

Das scheue Wesen dieser Delfine und die trüben Gewässer, in denen sie leben, machen Beobachtungen in freier Natur schwierig. Daher stammen die einzigen gesicherten Informationen aus der Gefangenschaftshaltung, insbesondere aus Jakarta (Indonesien), und daran wird sich vorerst wohl nichts ändern.

Entlang des Mekong werden diese Delfine nahezu als Halbgötter verehrt, weil sie angeblich die Fische in die Reusen treiben. Im Glauben der indigenen Dajak im Seengebiet stromauf des Mahakam auf Borneo ist jeder *pesut* (einheimischer Name der Art) eine Reinkarnation ihrer Urahnen. Irawadidelfine werden nirgendwo direkt bejagt, verfangen sich gelegentlich aber in Netzen (z. B. in Haiabwehrnetzen vor Australien). Sie sind offenbar nicht vom Aussterben bedroht.

Ernährung

Auf ihrem Speiseplan stehen Fische, Tintenfische und Krebstiere. Möglicherweise bedienen sie sich einer besonderen Jagdtechnik. Zumindest ist man geneigt, es dahin gehend zu interpretieren, wenn sie einen kräftigen Wasserstrahl gezielt ausspucken. Auf diese Weise könnten sie kleine Beutetiere am Ufer oder auf einem niedrig hängenden Ast »abschießen« oder im Boden vergrabene Beute aufscheuchen. Augenzeugenberichte fehlen bislang.

Sozialstruktur – Fortpflanzung

Die mäßig gesellige Art lebt in kleinen, anscheinend gemischtgeschlechtigen Gruppen mit 8 bis 10 Tieren.

Auf begrenztem Raum langweilt sich der Irawadidelfin schnell und kann bei Einzelhaltung depressiv werden.

Untersuchungen aus der Gefangenschaft geben keine Aufschlüsse über den Fortpflanzungszyklus. Die Lebenserwartung wird auf etwa 30 Jahre geschätzt.

Verhalten – Bestimmung

Die eleganten, aber unauffälligen Schwimmer zeigen beim Atmen nur das Blasloch, ihr Blas ist kaum sichtbar. Tauchgänge dauern höchstens 3 Minuten und werden von 4 bis 6 Atemzügen eingeleitet. In der vertikalen Spähstellung ragt nicht nur der Kopf, sondern häufig auch der Oberkörper einschließlich der Flipper ein gutes Stück aus dem Wasser. Verwechslungen in freier Wildbahn könnte es bei flüchtiger Betrachtung mit Indischen Schweinswalen (*Neophocaena phocaenoides*) geben, die jedoch keine Finne besitzen und wesentlich kleiner sind.

Mit einem gezielten Wasserstrahl fängt der Irawadidelfin in freier Wildbahn kleine Beutetiere am Ufer.

Kamerunfluss-Delfin

Atlantic hump-backed dolphin

Sousa teuszii

Namensherkunft

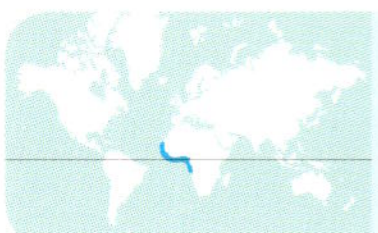

Der Ursprung des Gattungsnamens *Sousa* ist unbekannt. *Teuszii* bezieht sich auf Edward Teusz, der 1892 ein Exemplar in Kamerun entdeckte. Die Art ist eng mit dem Buckeldelfin *Sousa chinensis* verwandt. Unterschiede im Skelett rechtfertigen jedoch eine Unterteilung in zwei Arten nach Auffassung der Systematiker.

Beschreibung

Der robuste Delfin erreicht eine Länge von 2 bis 2,80 m und ein Gewicht von 100 bis 250 kg.

Er besitzt eine aufgewölbte Melone und einen langen Schnabel. In Ober- und Unterkiefer befinden sich jeweils 52 bis 62 schmale Zähne. Die Flipper sind dreieckig. Die kleine Finne ist ebenfalls dreieckig oder leicht sichelförmig und sitzt auf einem länglichen, gattungstypischen Buckel. Auf Rücken- und Bauchseite verläuft jeweils ein »Kiel« bis zur Fluke. Die mäßig große, geschweifte Fluke besitzt eine Mittelkerbe.

Der Rücken ist dunkelgrau gefärbt, der Bauch heller.

Lebensweise

Habitat – Populationen

Sie bewohnen die trüben Küstengewässer vor Westafrika (Südmarokko, Mauretanien, Senegal, Kamerun und weiter bis Angola). Mitunter schwimmen sie auch Flüsse hinauf. Aufgrund der schwierigen Beobachtungsbedingungen gibt es keine gesicherten Bestandszahlen. Sie verfangen sich in Fischernetzen als Beifang oder in Haiabwehrnetzen an Badestränden. Auch Küstenerschließung kann die Bestände reduzieren.

Ernährung

Schwarmfische (Sardinen, Meeräschen etc.), Tintenfische und Krebstiere. In Mauretanien kooperieren sie (ähnlich wie Große Tümmler) bisweilen mit Fischern des Imraguen-Volks, indem sie Meeräschen in die in Ufernähe ausgelegten Netze treiben.

Sozialstruktur – Fortpflanzung

Sie leben in 2- bis 10-köpfigen Gruppen, deren Mitglieder häufig miteinander über Pfeiftöne kommunizieren.

Über den Fortpflanzungszyklus ist nichts bekannt.

Verhalten – Bestimmung

Kamerunfluss-Delfine sind nicht sonderlich lebhaft an der Oberfläche. Sie können aber leicht an ihrem »Buckel« identifiziert werden, der beim Großen Tümmler (*Tursiops truncatus*) fehlt, mit dem sie verwechselt werden könnten. Beim Abtauchen heben sie die Fluke vollständig aus dem Wasser.

Rauzahndelfin

Rough-toothed dolphin
Steno bredanensis

Namensherkunft

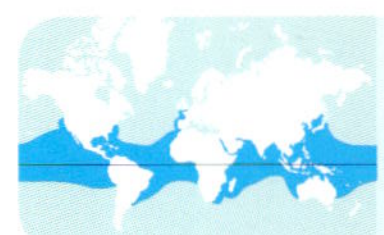

Von griech. *steno* »schmal«. Van Breda bestimmte das erste, im 19. Jh. in Brest gestrandete Exemplar.

Beschreibung

Männchen messen zwischen 2 und 2,60 m bei einem Gewicht von 100 bis 150 kg. Die Weibchen sind kleiner (maximal 2 m).

Die schwach ausgebildete Melone verläuft ohne Stirnabsatz in den Schnabel. Zusammen mit den hervorstehenden Augen verleiht ihnen dies einen reptilienartigen Ausdruck. Ober- und Unterkiefer besitzen jeweils 38 bis 56 Zähne, die anders als bei den meisten Delfinen Längsrillen aufweisen und ihnen ihren Namen eintrugen. Flipper und Finne sind sichelförmig. Die mäßig große Fluke ist in der Mitte deutlich gekerbt.

Der Körper ist oben dunkelgrau gefärbt, ab Oberkante Schnabel bis zum Analbereich weiß. Erwachsene Tiere sind an den Flanken getüpfelt.

Lebensweise

Habitat – Populationen

Sie bewohnen die Hochsee jenseits des Kontinentalsockels in tropischen und subtropischen sowie bestimmten gemäßigten Gewässern innerhalb 30 bis 35° N und S. In Japan, Indonesien und auf den Antillen werden sie bejagt. Vom Mittelmeer gibt es, von ein paar seltenen Strandungsfällen abgesehen, nur eine gesicherte Beobachtung südlich von Malta. Auf Moorea (Französisch-Polynesien) werden einige in Gefangenschaft gehalten.

Ernährung

Bei Untersuchungen des Mageninhalts fand man Fische und vor allem pelagische Tintenfische.

Sozialstruktur – Fortpflanzung

Rauzahndelfine leben gewöhnlich in 5- bis 30-köpfigen Gruppen.

Da sie Hochseebewohner sind, weiß man so gut wie nichts über ihre Fortpflanzungsbiologie. Die Lebensdauer soll 30 Jahre betragen. In Gefangenschaft gibt es Kreuzungen zwischen Rauzahndelfinen und Großen Tümmlern.

Verhalten – Bestimmung

Das reptilienartige Aussehen macht die Bestimmung einfach. Rauzahndelfine sind ohne Scheu und reiten gern in der Bugwelle von Booten. Das wird ihnen schnell zum Verhängnis, da sie so relativ leicht für Delfinarien gefangen werden können.

Beluga

Beluga

Delphinapterus leucas

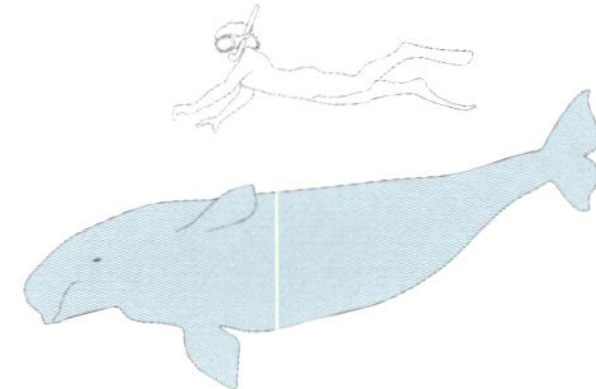

Namensherkunft
Von griech. *delphinos* »Delfin«, *a* »ohne«, *pteron* »Flosse, Flügel« und *leukos* »weiß«, also in etwa »weißer Delfin ohne Rückenflosse«.

Beschreibung

Männchen werden 5 m lang und 1,5 t schwer, Weibchen 3,50 m bzw. 500 kg bis 1 t.

Belugas besitzen einen kurzen Schnabel und eine knollige Melone. Der Oberkiefer birgt 16 bis 22 Zähne, der Unterkiefer 16 bis 18. Mit dem Irawadidelfin (*Orcaella brevirostris*) teilen sie die Fähigkeit, ihren »Gesichtsausdruck« durch Spiel der Gesichtsmuskeln zu verändern.

Die Flipper sind spatelförmig. Anstelle einer Finne tragen sie einen Längsgrat auf dem Rücken. Die Fluke ist in der Mitte tief gekerbt.

Neugeborene sind dunkel gefärbt und hellen mit der Zeit immer mehr auf, bis sie weiß sind.

Lebensweise

Habitat – Populationen

Sie leben ausschließlich in der Arktis und ziehen abhängig von den Eisbewegungen umher (abgesehen von der isolierten Population im Sankt-Lorenz-Strom). Tiere, die den Sommer im Lancastersund und in der Barrowstraße verbringen, wandern mit der Packeisbildung zur Davisstraße und überwintern westlich von Grönland. Bejagt werden sie von den Inuit zum »Eigenbedarf«. Umweltverschmutzung und die beschleunigte Schneeschmelze stellen jedoch die größte Gefahr für Belugas dar, deren Weltbestand auf 60 000 Tiere geschätzt wird.

Ernährung

Arktische Fische, Kalmare und Krebstiere.

Sozialstruktur – Fortpflanzung

Ihrer außerordentlichen Stimmfreudigkeit haben Belugas ihren Spitznamen »Kanarienvögel des Meeres« zu verdanken. Sie bilden getrenntgeschlechtige Gruppen:

1 – von einem erwachsenen Weibchen angeführte Familiengruppe

2 – junge, unreife Männchen

3 – solitäre Männchen, die sich zur Paarung der Gruppe 1 anschließen (und somit einen Harem bilden). Bei Wanderungen können mehrere Tausend Tiere zusammenkommen. Die sexuelle Reife tritt zwischen 5 und 8 Jahren ein. Die Tragzeit dauert 14 Monate, die Stillzeit über 1 Jahr. Ein Weibchen kann sich alle 3 Jahre fortpflanzen. Die Lebensdauer liegt zwischen 40 und 50 Jahren.

Verhalten – Bestimmung

Der Blas von Belugas ist niedrig (1 m). Ihr Verhalten ist unauffällig, sie springen fast nie. Verwechslungen mit Narwalen sind nur bei Jungtieren möglich, die sich nicht in Begleitung erwachsener Tiere befinden. Zu den Feinden der Weißwale zählen Menschen, Eisbären, Orcas und gelegentlich Walrosse.

Narwal

Narwhal

Monodon monoceros

Namensherkunft

Von griech. *mono* »einziger«, *odon* »Zahn« und *keros* »Horn«. Im Mittelalter trug der Narwalstoßzahn maßgeblich zur Einhornlegende bei.

Beschreibung

Männchen erreichen eine Länge von 5 m und ein Gewicht von 1,5 t, Weibchen 4 m bzw. 1 t.

Die bei Geburt marmorierte Oberhaut wird zunächst gleichmäßig dunkel, bevor sich weiße Flecken bilden.

Die Flipper sind kurz, die Finne fehlt. Die konvexe Fluke besitzt eine tiefe Mittelkerbe. Der Stoßzahn des Männchens ist ein ins Gigantische verlängerter Zahn im linken Oberkiefer, der entgegen des Uhrzeigersinns spiralförmig gewunden ist. Er kann eine Länge von 2 bis 3 m und ein Gewicht von 8 kg und mehr erreichen. Da er mit etwa 10 Millionen Nervenendigungen versehen ist, könnte es sich dabei um ein außerordentliches Ortungs- und Navigationsinstrument handeln.

Lebensweise

Habitat – Populationen

Der nördlichste aller Meeressäuger kommt nur in der Arktis vor. Auch heute noch machen Inuit unter einer von der Internationalen Walfangkommission festgesetzten Quote Jagd auf Narwale für den »Eigenbedarf«. Leider verhindert das Handelsverbot für Elfenbein nicht den Schmuggel des berühmten »Horns der Einhörner«, das bei gewissenlosen Sammlern sehr begehrt ist. Der Gesamtbestand soll bei über 40 000 Narwalen liegen.

Ernährung

Kalmare, Fische und Krebstiere bis in mehrere Hundert Meter Tiefe, denn Narwale können sehr lange unter Wasser bleiben.

Sozialstruktur – Fortpflanzung

Sie bilden getrenntgeschlechtige Gruppen: Harems, junge Männchen, fortpflanzungsfähige Männchen. Dennoch findet man auch häufig gemischte 10- bis 30-köpfige Verbände. Männchen erreichen die sexuelle Reife zwischen 11 und 13 Jahren, Weibchen zwischen 5 und 8 Jahren. Die Tragzeit dauert 14 bis 15 Monate, die Stillzeit 20 Monate. Ein Weibchen kann alle 3 Jahre trächtig werden. Die Lebenserwartung soll bei 40 bis 50 Jahren liegen.

Verhalten – Bestimmung

Der Stoßzahn des Männchens ist ein unverkennbares Bestimmungsmerkmal. Lediglich Jungtiere von Beluga und Narwal, die beide dunkel gefärbt sind, könnten verwechselt werden, wobei die Anwesenheit erwachsener Tiere meist Klarheit schafft.

Dall-Hafenschweinswal

Dall's porpoise
Phocoenoides dalli

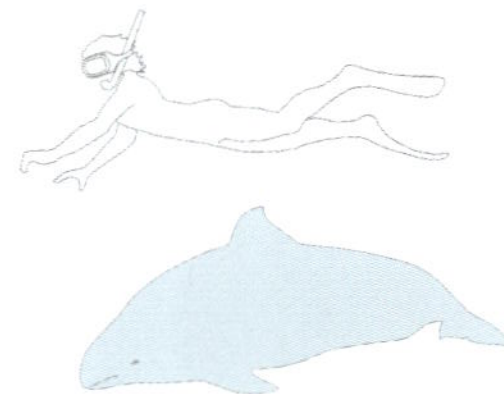

Namensherkunft

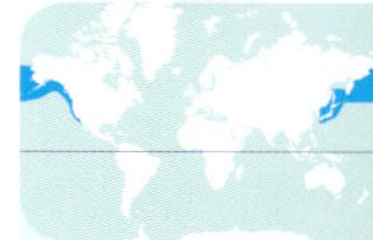

Von griech. *phokaina* »Schweinswal« und *oides* »wie«. Der amerikanische Zoologe W. H. Dall (19. Jh.) entdeckte das erste Exemplar. Manche Wissenschaftler unterscheiden zwei Unterarten, den Dall- und True-Hafenschweinswal, die gewisse Unterschiede aufweisen. In der aktuellen Systematik werden sie als eine Art behandelt. **Anderer Name:** Weißflankenschweinswal

Beschreibung

Der kleine Meeressäuger besitzt einen stark gedrungenen Körper. Männchen werden 2 m lang und 200 kg schwer. Die Weibchen bleiben kleiner.

Die Melone ist nur schwach aufgewölbt, der Schnabel fehlt. Ober- und Unterkiefer besitzen jeweils 38 bis 58 kleine, seitlich abgeflachte Zähne.

Der Körper ist schwarz bis auf einen weißen Fleck am Bauch. Diese in Form und Größe variierende Färbung setzt hinter den Flippern an und reicht bis zur Analregion.

Die Flipper befinden sich weit vorn. Die dreieckige oder leicht sichelförmige Finne ist an der Spitze weiß und an der Basis schwarz. Der Schwanzstiel besitzt einen deutlichen Kiel. Die Fluke ist mäßig groß mit Mittelkerbe.

Lebensweise

Habitat – Populationen

Die Art kommt nur im Nordpazifik von Kalifornien bis Nordjapan vor. Mit schätzungsweise 3 Millionen Tieren ist sie die häufigste Cetaceenart im Nordpazifik, obwohl sie in illegalen Treibnetzen japanischer und russischer Fischer als Beifang verendet und in Japan auch direkt bejagt wird. Die Lebenserwartung liegt bei etwa 20 Jahren.

Ernährung

Tintenfische, Krebstiere und Fische. Wegen ihrer Schnelligkeit (über 50 km/h) sind diese Schweinswale gefürchtete Räuber. Sie organisieren sich in großen Verbänden, um Schwarmfische zu jagen.

Sozialstruktur – Fortpflanzung

Dall-Hafenschweinswale leben in Gruppen zu 10 bis 20 Tieren.

Weibchen erreichen die Geschlechtsreife mit 7 Jahren. Nach einer Tragzeit von 11 Monaten bringt die Mutter ein Kalb zur Welt, das mit 90 cm bis 1 m halb so groß ist wie sie selbst. Die Stillzeit beträgt 1 bis 2 Jahre, danach kann das Weibchen wieder trächtig werden.

Verhalten – Bestimmung

Dieser kleine Schweinswal ist erstaunlich flink. Wenn er direkt unter der Oberfläche schwimmt, erzeugt er mit der Finne eine typische hahnenschwanzförmige Gischt. Ansonsten ist er unauffällig, schnellt nicht übers Wasser und vollführt so gut wie nie Luftsprünge, denn er gehört zur bevorzugten Beute der in seinem Lebensraum ebenfalls vorkommenden Orcas.

Indischer Schweinswal

Finless porpoise
Neophocaena phocaenoides

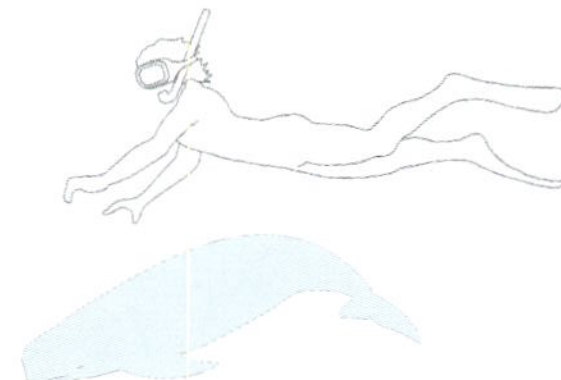

Namensherkunft

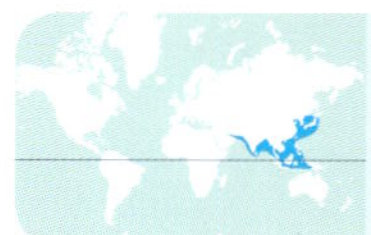

Von griech. *neo* »neu« und *phokaina* »Schweinswal«.

Beschreibung

Männchen erreichen eine Länge von 1,90 m und ein Gewicht von 40 bis 50 kg. Weibchen bleiben kleiner.

Der Kopf ist rund, das Maul deutlich ausgeprägt. In Ober- und Unterkiefer tragen diese Schweinswale jeweils 26 bis 44 seitlich abgeflachte Zähne. Die Flipper sind groß. Anstelle einer Finne besitzen sie einen hinter dem ersten Körperdrittel beginnenden und bis zur Fluke reichenden Kamm, der mit winzigen Tuberkeln besetzt ist. Ihre Fluke ist groß mit Mittelkerbe.

Der Körper ist hellgrau gefärbt, Lippen, Kehle und Bauch sind weiß.

Lebensweise

Habitat – Populationen

Sie sind im indopazifischen Raum vom Persischen Golf bis Japan und Neuguinea zu finden. Sie bewohnen in der Regel Küstengewässer und schwimmen, zum Teil über weite Strecken, auch Flüsse hinauf. In Pakistan, Indien und China (wo die Art seit 1980 unter Schutz steht) werden sie mitunter lokal bejagt. In japanischen Delfinarien sind sie sehr begehrt. Der Gesamtbestand ist unbekannt.

Ernährung

Fische, Krebstiere, Tintenfische. Die Nahrungssuche findet wahrscheinlich in Bodennähe statt.

Sozialstruktur – Fortpflanzung

Die Art ist gesellig. Es wurden Beobachtungen von 50-köpfigen Gruppen gemacht, über deren Sozialstruktur man jedoch nichts weiß.

Nach einer Tragzeit von elf Monaten bringt das Weibchen ein 50–70 cm großes Kalb zur Welt, das manchmal über ein Jahr lang gesäugt wird. In den ersten Lebensmonaten trägt die Mutter das Kleine auf der tuberkelbedeckten Zone des Rückens. Der Fortpflanzungszyklus soll 12 bis 18 Monate betragen. Die Lebensdauer wird auf 25 Jahre geschätzt.

Verhalten – Bestimmung

Die Fluke ist beim Schwimmen nicht zu sehen. Indische Schweinswale sind weniger scheu als manche Flussdelfine, mit denen sie sich gelegentlich vergesellschaften, und halten sich zuweilen in Ufernähe auf. Bei flüchtiger Betrachtung können sie mit Irawadidelfinen (*Orcaella brevirostris*) verwechselt werden, die jedoch größer sind und eine Finne besitzen.

Schweinswal

Harbour porpoise

Phocoena phocoena

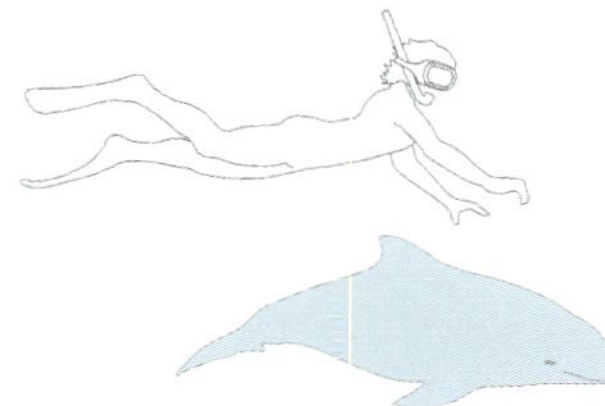

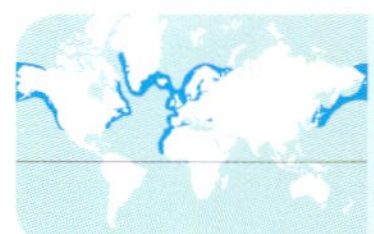

Namensherkunft

Von griech. *phokaina* »Schweinswal«.

Beschreibung

Männchen erreichen eine Größe von 1,5 m, Weibchen von 1,6 m, das Gewicht liegt bei 50 bis 60 kg.

Schweinswale besitzen einen gedrungenen Körper sowie einen runden Kopf ohne Schnabel. Der Oberkiefer birgt 44 bis 56 feine, spatelförmige Zähne, der Unterkiefer 42 bis 52. Die relativ niedrige Finne ist dreieckig und sitzt leicht hinter der Mitte. Die Flipper sind oval. Die Fluke ist in der Mitte deutlich gekerbt.

Rücken sowie Finne, Flipper und Fluke sind dunkelgrau, der Bauch heller.

Lebensweise

Habitat – Populationen

Sie kommen auf der gesamten Nordhemisphäre vor, auch im Schwarzen Meer (aber offenbar nicht im Mittelmeer). Der nördliche Wendekreis bildet die Südgrenze ihrer Verbreitung. Sie leben in Küstennähe und schwimmen hin und wieder auch Flussläufe hinauf. Bedroht sind die kleinen Meeressäuger durch industrielle Fischerei, die ihre Nahrungsressourcen plündert, sowie Verschmutzung der Mündungsgewässer im Atlantik (Ost- und Nordsee, Neufundland) und Pazifik (Kanada, USA, Japan), die ihr Immunsystem schwächt.

Schweinswale werden regelmäßig auf Fährrouten beobachtet, insbesondere in Skandinavien. Auch in Frankreich kann man sie finden, vor allem an der bretonischen Küste.

Ernährung

Fische, Kalmare und Krebstiere. Schweinswale jagen häufig pelagische Schwarmfische (Heringe, Sardinen etc.).

Sozialstruktur – Fortpflanzung

Die gesellige Art lebt in 10- bis 20-köpfigen Gruppen, bei der Jagd können über 100 Tiere zusammenkommen.

Die Geschlechtsreife tritt mit 4 Jahren ein. Nach einer 10-monatigen Tragzeit kommt ein 70 bis 90 cm großes und 5 bis 7 kg schweres Schweinswalbaby zur Welt, das weniger als ein Jahr lang gesäugt wird. Der Fortpflanzungszyklus beträgt ein Jahr, die durchschnittliche Lebenserwartung 9 bis 12 Jahre.

Verhalten – Bestimmung

In Gegenwart von Menschen verhalten sich Schweinswale zurückhaltend. Sie springen praktisch nie, schwimmen recht langsam und zeigen dabei nur Rücken und Finne.

Teil 2

Bartenwale

(Mysticeti)

Grauwal

Gray whale

Eschrichtius robustus

Namensherkunft

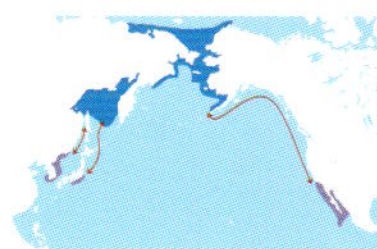

Gray, 1865. Zu Ehren des dänischen Zoologen Daniel Eschricht. Von lat. *robustus* »stark, solide«. Die nordatlantische Art *Eschrichtius gibbosus* ist heute ausgestorben.

Nicht nur seine »verkrustete« Oberfläche, auch die eigenartige Physiognomie ist alles andere als waltypisch. Er kommt ausschließlich im Nordpazifik vor, lebt größtenteils in Küstengewässern und ist einer der Wale mit den längsten Wanderungen. Obwohl die Art gegen Ende des vorletzten Jahrhunderts praktisch ausgerottet war, ist sie heute die einzige, die sich wieder gut erholt hat.

Beschreibung

Weibchen werden bis zu 14 m lang und 16 bis 45 t schwer. Die Männchen bleiben kleiner.

Der Kopf ist leicht gebogen. Das Maul birgt 260 bis 360 maximal 40 cm lange Barten. Auf der Schnauzenspitze befinden sich vereinzelt Tasthaare. 2 bis 7 Kehlfalten dienen zur Dehnung des Mauls bei der Nahrungsaufnahme.

Der grau gefärbte Körper ist mit parasitären Krebstieren übersät, die unregelmäßige hellere Stellen bilden: Schon auf dem Neugeborenen beginnt die Seepockenart *Cryptolepas rhachianecti*, sich auf der Epidermis einzunisten. Anhand dieser »Landkarte« auf der Haut können einzelne Wale identifiziert werden. Andere Krebstiere ernähren sich von beschädigten Hautresten.

Die spatelförmigen Flipper können eine Länge von 2 m erreichen. Anstelle einer Finne besitzt der Grauwal 8 bis 14 aneinandergereihte Höckerchen. Die Fluke mit tiefer Mittelkerbe erreicht eine Spannweite von 3 m.

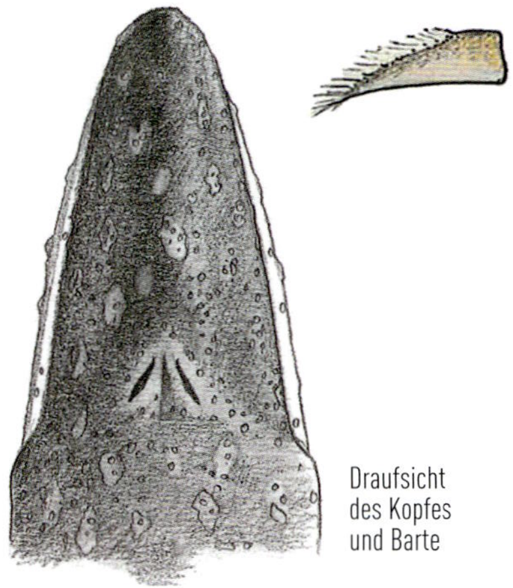

Draufsicht des Kopfes und Barte

Lebensweise

Habitat – Populationen

Grauwale sind Küstenbewohner und kommen nur im Nordpazifik vor. Früher besiedelten sie auch den Nordatlantik.

Nordatlantik: Bis zu ihrer Ausrottung in Europa am Anfang des 17. Jahrhunderts lebten hier Wale an den Küsten der Ostsee bis in den Ärmelkanal. In Nordamerika bewohnten sie die Gewässer von Kanada bis Florida, bis sie dort 1675 für immer verschwanden. Seit 2005 ist ein Wiederansiedelungsprojekt in Vorbereitung.

Nordwestpazifik (Korea, Ochotskisches Meer): Die einst umfangreiche Population wird heute auf unter 100 Tiere geschätzt.

Nordostpazifik (Kalifornien, Tschuktschensee): die bekannteste Population. Die Nahrungsgründe liegen im Beringmeer, in der Tschuktschen-, Beaufort- und Ostsibirischen See. Ab September machen sich die Wale auf die 7500 bis 10 000 km lange Wanderung zur niederkalifornischen Küste, um sich zu paaren und zu kalben.

Ernährung

Von Mai bis Oktober verschlingt ein Grauwal 170 t Nahrung. In 4 bis 120 m Tiefe streift er in rechter Seitenlage mit leicht geöffnetem Maul über den Meeresgrund und saugt die im Schlamm vergrabene Beute ein. Alles Essbare verfängt sich in den Barten, den Schlamm presst der Wal mithilfe der enormen Zunge (1400 kg) hinaus. Auf seinem Speiseplan stehen garnelenähnliche Flohkrebse, die sich in organischen Röhren auf der oberen Sedimentschicht verbergen.

Bei der Rückkehr aus Niederkalifornien haben Grauwale 30 % ihres Gewichts verloren. Manche Tiere wandern nicht bis in den hohen Norden, sondern verbringen den Sommer in den Gewässern vor Vancouver Island und den Queen Charlotte Islands. Ob sie im Folgejahr den Wanderrhythmus wieder aufnehmen, ist unbekannt.

Grauwal in Spähstellung (*spyhopping*).

Sozialstruktur – Fortpflanzung

Grauwale kommunizieren mit ihresgleichen auf einer Bandbreite von 100 Hz bis 4 kHz und benutzen dafür unter anderem metallischen Schlägen ähnliche Töne, lange Stöhnlaute und durch das Blasloch explosionsartig ausgestoßene Luftblasen. Die einzige beständige soziale Beziehung ist die zwischen Mutter und Kalb während der Säugezeit. Die Ansammlungen in den Sommerfuttergründen sind nahrungsbedingt. Im Winter finden sich in den Lagunen von Niederkalifornien Männchen und Weibchen zur Paarung zusammen, diese Verbindungen sind jedoch nicht von Dauer. Die »frischgebackenen« Mütter halten sich mit ihrem Nachwuchs abseits. Im Alter von einigen Wochen bilden die Kälber lebhafte »Spielgruppen«, denen sich die Mütter anschließen.

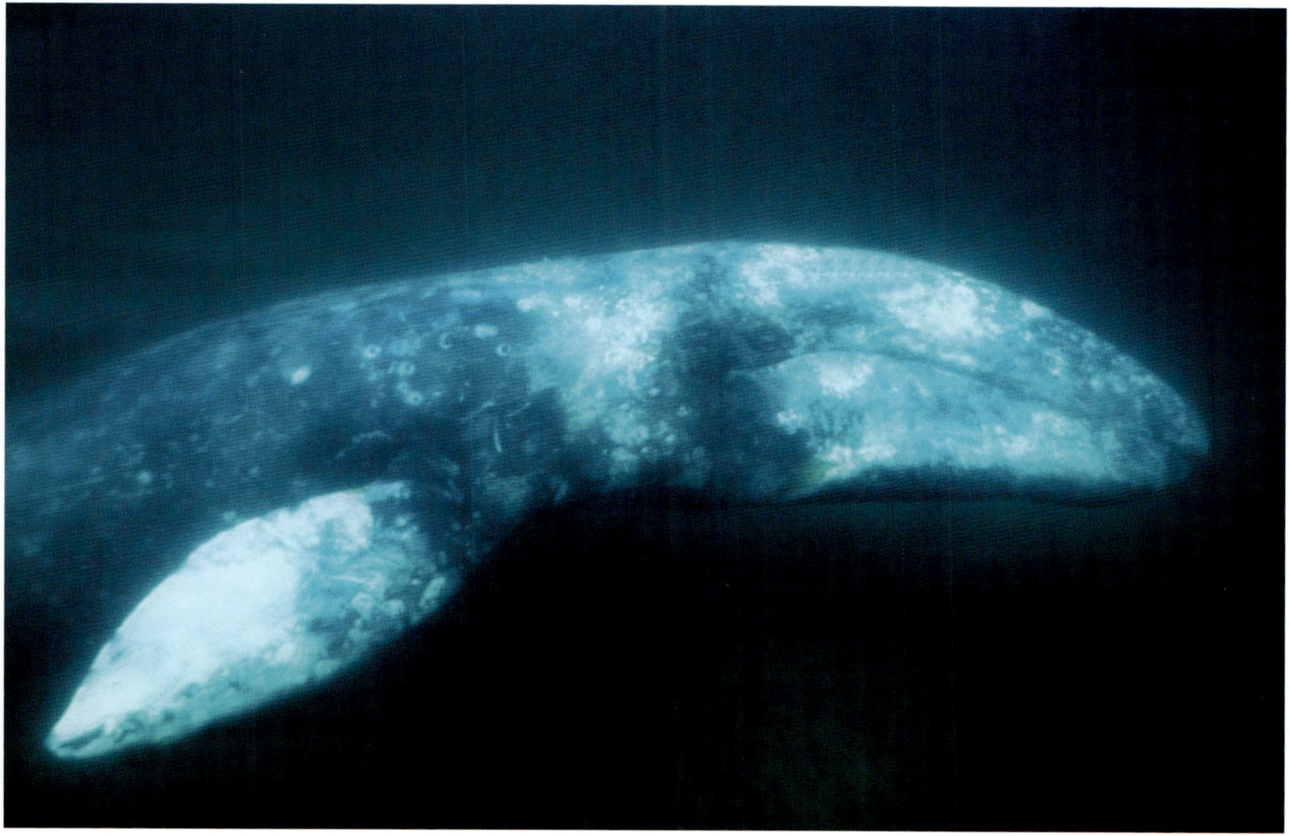

Auch am Grund der Bucht behält die Mutter ihr Junges im Auge, Niederkalifornien.

30 bis 50 % der zur Fortpflanzungszeit anwesenden Weibchen erwarten Nachwuchs, die restlichen paaren sich. Sowohl Männchen als auch Weibchen haben mehrere Paarungspartner. Der Wettkampf findet nicht zwischen Rivalen, sondern *in utero* zwischen den Spermien unterschiedlicher Herkunft statt. Die Tragzeit dauert 11 bis 13 Monate. Ein Weibchen gebiert alle 2 Jahre ein Junges, das bei Geburt etwa ein Drittel der Größe seiner Mutter hat. Seine tägliche Ration Milch beträgt 190 l, mit 7 bis 8 Monaten oder mehr wird es entwöhnt.

Gefährdung und Schutz

Bis ins 19. Jahrhundert wurde die nordwestpazifische Grauwalpopulation (Korea, Ochotskisches Meer) von Japanern und Koreanern bejagt. Ab 1840 bis zu Beginn des 20. Jahrhunderts stellten ihnen europäische und amerikanische Walfänger im Ochotskischen Meer nach. Von 1910 bis 1933 erlegten japanische und koreanische Jäger 1400 Exemplare. Schon damals hielt man die Population für ausgerottet. Einer Schätzung zufolge gab es im Jahr 2000 nicht einmal mehr 100 überlebende Exemplare. Die Population gilt als vom Aussterben bedroht, denn mindestens zehnmal so viele Tiere wären nötig, um ihr Überleben zu sichern.

Angstfreie Begegnung.

Walkälber sind immer zum Spielen aufgelegt.

Die Population des Nordostpazifiks (Kalifornien, Tschuktschensee) steht mit derzeit schätzungsweise 26 000 Grauwalen besser da. 1846 entdeckten amerikanische Walfänger die Fortpflanzungsgründe in Niederkalifornien und töteten bis 1874, nach Schätzung des Walfängers Charles Scammon, »Entdecker« der gleichnamigen niederkalifornischen Lagune, rund 11 300 Grauwale. Im Jahr 1900 wurde die Jagd wegen des drastischen Bestandsrückgangs eingestellt. Dennoch wurden bis zum gesetzlichen Fangverbot im Jahre 1946 noch einige Hundert getötet. Eskimos aus Sibirien und die Inuit aus Alaska dürfen den traditionellen Walfang mit einer jährlichen Quote von 160 Tieren fortführen. Der derzeitige Grauwalbestand scheint so groß zu sein wie vor der Walfangära. Bis 2002 genehmigte die Internationale Walfangkommission (IWC) Russland 620 Fänge und den USA bzw. den Makah-Stämmen im Bundesstaat Washington 5.

Vom Menschen abgesehen, ist der einzige Feind des Grauwals der Orca, der vorwiegend Kälber angreift.

Verhalten – Bestimmung

Grauwale besitzen große Ausdauer. In rund 55 Tagen wandern sie bei einer mittleren Geschwindigkeit von 7 bis 9 km/h auf ihrem Weg gen Süden täglich 144 bis 185 km. Die Rückkehr verläuft mit durchschnittlich 4,5 km/h langsamer, zum einen, weil nun Kälber mitwandern, zum anderen, weil die Mütter nach der langen Fastenzeit unterwegs wieder Nahrung aufnehmen müssen.

Auf der Wanderung tauchen Grauwale 3 bis 5 Minuten, gefolgt von 3 bis 5 Atemzügen vor dem erneuten Abtauchen, bei dem sie die Fluke aus dem Wasser heben. Der v-förmige Blas erreicht eine Höhe von 3 bis 4 m. In Niederkalifornien zeigen sie ein abwechslungsreiches Verhalten an der Oberfläche. Sie praktizieren insbesondere gern die Spähstellung (*spyhopping*), in der sie den Kopf zum Umschauen senkrecht aus dem Wasser strecken und sich mit der Fluke auf dem Boden der flachen Lagunengewässer abstützen.

Der junge Wal klebt förmlich mit seiner Schnauze am Objektiv.

Zwergglattwal

Pygmy right whale

Caperea marginata

Namensherkunft

Gray, 1846. Von lat. *capero* »faltig, wellig«, in Anspielung auf das Aussehen der knöchernen Ohrkapsel (Bulla tympanica), die 1864 in Neuseeland entdeckt wurde, sowie *margo, marginis* »Rand, Grenze«.

Ursprünglich zählte der Zwergglattwal zur Familie der Glattwale (Balaenidae). Jüngste Studien belegen jedoch seine Eigenständigkeit und rechtfertigen die neue Klassifizierung. Interessanterweise steht er Grau- und Furchenwalen genetisch näher als Glattwalen.

Beschreibung

Das bislang größte untersuchte Weibchen maß 6,45 m und wog 3430 kg.
Der Kopf ist schwielenfrei. Das Maul birgt 420 bis 460 Barten mit einer Länge von 70 cm. Weitere Merkmale sind kleine, schmale Flipper, eine weit hinten sitzende, sichelförmige Finne sowie eine mittig gekerbte Fluke.
Die Grundfärbung ist Grau in unterschiedlichen Schattierungen.

Lebensweise

Habitat – Populationen

Zwergglattwale kommen nur auf der Südhalbkugel im Süden der Kontinente

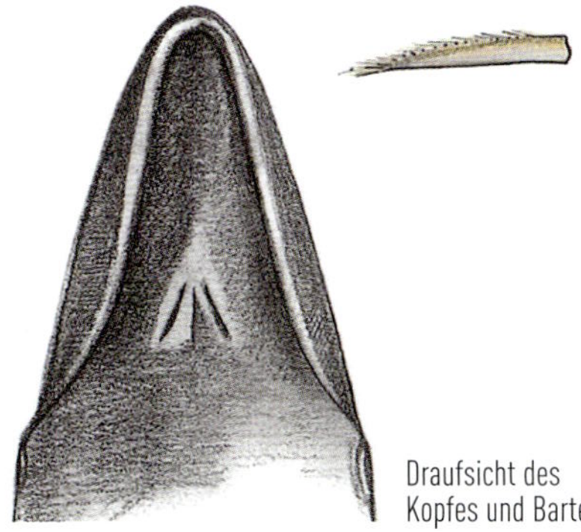

Draufsicht des Kopfes und Barte

Südamerika, Afrika und Australien vor. Weniger als 100 gestrandete Exemplare des Zwergglattwals wurden bislang untersucht, und nur etwa 20 wurden in freier Wildbahn beobachtet.

Ernährung

Die allem Anschein nach ortstreue Art ernährt sich ausschließlich von Zooplankton.

Sozialstruktur – Fortpflanzung

Neugeborene messen 2 m. Über den Lebenszyklus der Art ist so gut wie nichts bekannt.

Gefährdung und Schutz

Im Walfang hatte die Art keine Bedeutung. Gestrandete Tiere wiesen keine Belastung mit Umweltgiften auf, wie Untersuchungen zeigten.

Verhalten – Bestimmung

Der Blas von Zwergglattwalen ist unauffällig. Sie sind träge Schwimmer mit einer für Cetaceen einzigartigen Technik: Sie führen mit ihrem gesamten Körper vertikale wellenförmige Bewegungen aus, sodass bei jedem Auftauchen das Rostrum erscheint. Tauchgänge dauern maximal 3 bis 4 Minuten. Sie leben einzeln oder in kleinen Gruppen. Bestimmungsmerkmale sind die Form des Rostrums und das Vorhandensein einer Finne.

Grönlandwal

Bowhead whale
Balaena mysticetus

Namensherkunft

Linné, 1758. Von lat. *balaena* »Wal« sowie von griech. *mustax* »Schnurrbart« und *ketos* »Seeungeheuer«.

Beschreibung

Weibchen werden bis 18 m groß und 100 t schwer, Männchen bleiben kleiner.

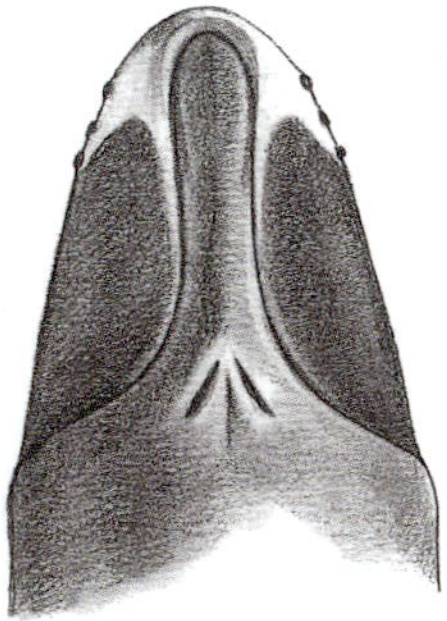

Kopf in Draufsicht

Das Maul birgt 460 bis 720 Barten, die bis zu 4,3 m lang und an der Basis bis zu 30 cm breit sind. Das weiße Kinn hebt sich vom Körper ab, dessen Farbe von Dunkelgrau bis Schwarz reicht. Haut und Fettschicht können zusammen eine Dicke von über 50 cm erreichen. Auf dem Kopf befindet sich ein Höcker mit nachfolgender Vertiefung. Die spatelförmigen Flipper sind bis zu 2,4 m lang. Die Finne fehlt, die Fluke kann eine Spannweite von 8,5 m erreichen.

Barte

Lebensweise

Habitat – Populationen

Grönlandwale kommen ausschließlich auf der Nordhalbkugel vor. Sie verbringen das ganze Jahr in Eisnähe und ziehen im Sommer mit Beginn der Eisschmelze gen Norden. Man unterscheidet fünf Populationen:

Die »**Spitzbergen-Gruppe**«: nördlich von Island bis zur Laptewsee nördlich von Sibirien (einige Dutzend Tiere).

Die Gruppe »**Davisstraße**«: zwischen Grönland und Baffinland. Im Sommer ziehen sie über den Lancastersund und die Barrowstraße in den Golf von Boothia (Kanada).

Die »**Hudsonbai-Gruppe**«: Im Winter kann diese Gruppe Kontakt mit den Walen der »Davisstraße« haben. Den Sommer verbringt sie aber östlich und nicht westlich von Baffinland. Einige wurden im Norden der Hudsonbai bei der Insel Southampton beobachtet. Von 1920 bis heute ist der Gesamtbestand von »Davisstraße« und »Hudsonbai« von 12 300 auf 450 Tiere geschrumpft.

Die »**Beringmeer-Gruppe**« ist die bekannteste. Den Winter verbringen die etwa 8000 Tiere im Beringmeer, ab April wandern sie durch die Beringstraße. Manche bleiben in der Tschuktschensee, der Großteil zieht jedoch weiter in die Beaufortsee.

Die **Gruppe »Ochotskisches Meer«** ist von der »Beringmeer-Gruppe« durch die Halbinsel Kamtschatka getrennt. Zwischen der Penschinabucht im Norden und den Schantarinseln westlich von Sachalin soll eine 300- bis 400-köpfige Population überlebt haben.

Vier der fünf überlebenden Populationen

(insgesamt 9000 Tiere) drohen in weniger als einem Jahrhundert auszusterben.

Ernährung

Ihr außergewöhnlich dichtes »Bartensieb« gestattet es Grönlandwalen, Nahrung von nur 5 mm Größe herauszuseihen. Sie schwimmen mit geöffnetem Maul umher und »schöpfen« winziges Zooplankton ab: Ruderfußkrebse und Leuchtkrebse (zu denen Krill gehört). Mit ihrer bis zu 1 t schweren, bis zu 5 m langen und bis zu 3 m breiten Zunge pressen sie das Wasser durch die Barten, an denen das Plankton hängen bleibt.

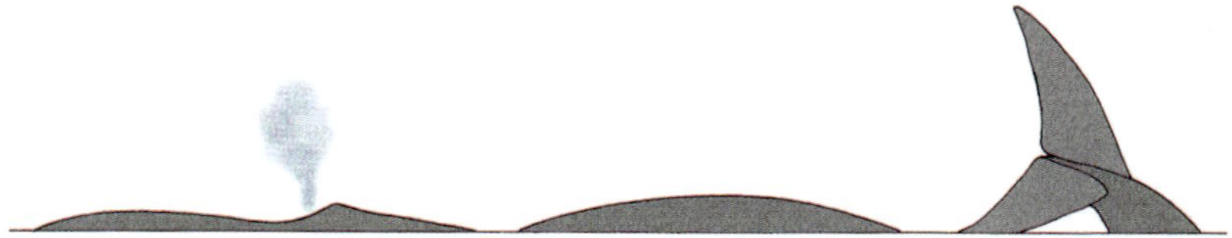

Ein Grönlandwal kurz vor der Durchquerung des Packeises (Kanada).

Sozialstruktur – Fortpflanzung

Grönlandwale stoßen tiefe, fürs menschliche Ohr wahrnehmbare Töne aus. Offenbar benutzen sie das Echo ihrer Laute zum Durchqueren des Wassers unter dem Eis. Bei Bedarf können sie zum Luftholen bis zu 60 cm dicke Eisschichten durchstoßen. Die Gruppen sind nach Alter und Geschlecht gegliedert. Die Jungen gehen in

Küstennähe auf Nahrungssuche, Erwachsene weiter draußen. Weibchen mit Jungtieren halten sich von den Männchen abseits.

Weibchen erlangen die Geschlechtsreife mit etwa 15 Jahren bei einer Größe von 13 bis 14 m. Die Fortpflanzungsgruppe besteht aus einem Weibchen und einem oder mehreren Männchen. Nach einer 13- bis 14-monatigen Tragzeit bringt das Weibchen ein etwa 4 bis 4,5 m großes Kalb zur Welt, und zwar alle 3 bis 4 Jahre. Die Säugezeit dauert 9 bis 15 Monate. Manche Individuen sollen weit über 100 Jahre alt werden.

Gefährdung und Schutz

Grönlandwale dürfen im Rahmen des traditionellen Walfangs mit festgesetzter Quote von den Inyupiat in Nordalaska sowie in der kanadischen Provinz Nunavut und der russischen Provinz Tschukotka getötet werden. Russische Walfänger versorgen zudem sibirische Nerz- und Fuchszuchten illegal mit Walfleisch. Darüber hinaus verseuchen Anlagen der Ölindustrie die Kinderstube der Wale im Nordpazifik. Der einzige Feind der Grönlandwale ist der Orca, dessen Bissspuren an 4 bis 8 % der erlegten Wale zu finden sind.

Verhalten – Bestimmung

Grönlandwale sind träge Schwimmer (3 bis 6 km/h). Tauchgänge dauern gewöhnlich 6 bis 17 Minuten, bei Durchquerung des Packeises können sie über eine Stunde unter Wasser bleiben. Der v-förmige Blas ist bis zu 4 m hoch. Vor dem Abtauchen heben sie die Fluke senkrecht aus dem Wasser. Ihre »Luftakrobatik« ist sehr vielfältig.

Ein Grönlandwal in der Mitternachtssonne.

Pazifischer Nordkaper

North Pacific right whale • *Eubalaena japonica*

Namensherkunft

Lacépède, 1818. Von griech. *eu* »gut, wohl, schön« sowie von lat. *balaena* »Wal« und *japonica* »Japan«. **Andere Namen:** Nordpazifischer Glattwal, Glattwal, Nordkaper

Südkaper

Southern right whale • *Eubalaena australis*

Namensherkunft

Desmoulin, 1822. Von griech. *eu* »gut, wohl, schön« sowie von lat. *balaena* »Wal« und *auster* »Süd«. **Anderer Name:** Südlicher Glattwal

Atlantischer Nordkaper

North Atlantic right whale • *Eubalaena glacialis*

Namensherkunft

Müller, 1776. Von griech. *eu* »gut, wohl, schön« sowie von lat. *balaena* »Wal« und *glacies* »Eis«. **Andere Namen:** Nordatlantischer Glattwal, Nordkaper, Glattwal

Die drei Glattwale der Gattung *Eubalaena* ähneln sich zwar morphologisch, nicht jedoch genetisch. Interessanterweise steht der Pazifische Nordkaper (*E. japonica*) dem Südkaper (*E. australis*) genetisch näher als seinem nordatlantischen Cousin (*E. glacialis*).

Beschreibung

Glattwale erreichen eine Größe von bis zu 16 m und ein Gewicht von bis zu 80 t (die nordpazifische Art sogar 18 m und 100 t). Die Männchen bleiben kleiner. Das Maul birgt 400 bis 540 Barten mit einer Länge von 2 bis 2,80 m. Auf dem Kopf, der etwa ein Drittel der Gesamtkörperlänge einnimmt, tragen sie dicke Schwielen aus Keratin (die auf dem Oberkiefer wird als »Bonnet« bezeichnet). Diese sind mit Tausenden Walläusen übersät, spezialisierten Flohkrebsen, die sich von der Haut ihres Wirtes ernähren. An den von Geburt an vorhandenen Schwielen sind einzelne Tiere voneinander zu unterscheiden.

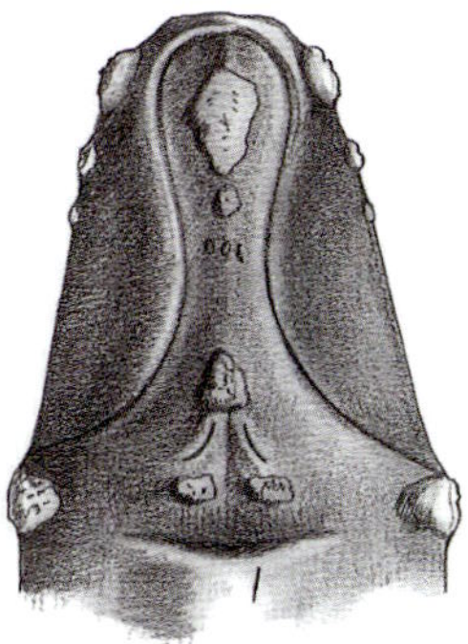

Draufsicht des Kopfes

Barte

Die Körperfarbe reicht von Grau bis Schwarz. Bei Geburt sind die Tiere fast weiß, manche (< 10 %) behalten im Erwachsenenalter eine hellere Färbung. Die Flipper sind groß und spatelförmig. Die Finne fehlt. Die Spannweite der Fluke kann 40 % der Gesamtkörperlänge erreichen.

Lebensweise

Habitat – Populationen

Die Population des Atlantischen Nordkapers ist vom Aussterben bedroht. Im Westen leben schätzungsweise 300 Individuen, im Osten nur noch eine Handvoll Tiere. Um den Pazifischen Nordkaper ist es nicht besser bestellt. Er kommt heute nur noch im Ochotskischen Meer und dem östlichen Beringmeer vor.

Der Bestand der Südkaper ist bei Weitem

der größte. Man findet sie in Südamerika (Chile, Argentinien, Brasilien), im südlichen Afrika (Namibia, Südafrika, Mosambik) und vor Australien (West-, Süd- und Ostaustralien, Neuseeland). Die schätzungsweise 7000 Tiere umfassende Population wächst jährlich um 7 bis 8 %.

Ernährung

Glattwale wandern und verbringen den Sommer in kalten Gewässern hoher Breiten, die reich an Zooplankton sind (Ruderfußkrebse von Reiskorn- bis Garnelengröße, Pteropoda (winzige planktonische Schnecken), Entenmuscheln im Larvenstadium). Sie »schöpffiltern« ihre Beute, indem sie mit geöffnetem Maul an der Oberfläche oder unter Wasser umherschwimmen. Ein Tauchgang dauert 10 bis 20 Minuten.

Ein Südkaper vor Patagonien »segelt« (*sailing*), um sich abzukühlen.

Sozialstruktur – Fortpflanzung

Glattwale erzeugen tiefe Töne (größtenteils unter 500 Hz). Ihr Repertoire umfasst raunende, grunzende und knatternde Laute, die der innerartlichen Kommunikation auch über weite Entfernungen hinweg dienen.

Zur Paarungszeit bilden sich große Ansammlungen in geschützten Küstengewässern. Mehrere Männchen können um die Gunst eines Weibchens buhlen. Die Wettkämpfe finden aber nicht zwischen den Rivalen, sondern zwischen ihren Spermien im Uterus des Weibchens statt. Glattwale besitzen die größten Hoden im Tierreich, die jeweils bis zu 2 m groß und 500 kg schwer sein können. Bei der meist an der Oberfläche stattfindenden Kopulation liegt das Männchen mit dem Bauch nach oben, das Weibchen bäuchlings auf ihm. Die Paarung kann einige Sekunden bis mehrere Minuten in Anspruch nehmen.

Die Geschlechtsreife der Weibchen tritt mit 9 – 10 Jahren ein. Bei vom Aussterben bedrohten Populationen kann sie als »strategische Maßnahme« der Natur bereits im Alter von 4 Jahren einsetzen. Die Tragzeit dauert etwa 1 Jahr. Der Fortpflanzungszyklus beträgt 3 bis 5 Jahre, auch weniger, wenn das Kalb frühzeitig stirbt. Das bei Geburt 4,5 bis 5,5 m große Waljunge wächst im ersten Jahr um das Doppelte und erreicht mit 2 Jahren 12 bis 13 m. Danach verlangsamt sich das Wachstum. Die Lebenserwartung soll bei 70 bis 80 Jahren liegen, in Ausnahmefällen sogar über 100 Jahre.

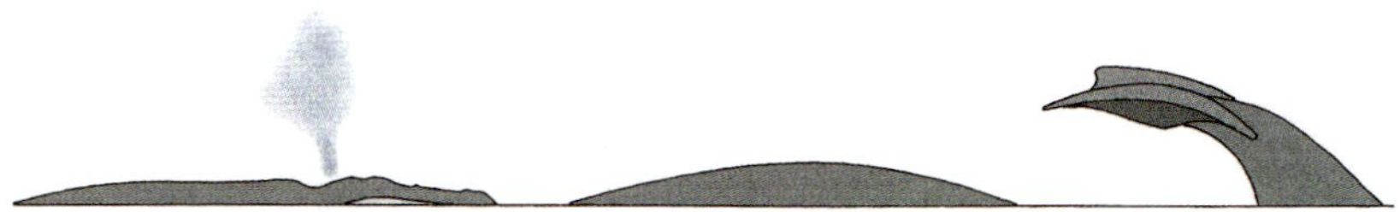

Ein im Vorjahr in der Bucht von Valdés (Patagonien) geborener Glattwal vollführt eine Serie von Sprüngen (*breaches*).

Gefährdung und Schutz

Atlantische Nordkaper waren die ersten Opfer des Walfangs: Seit dem 11. Jahrhundert wurden sie von den Basken bejagt, die sie als schier uner-

Patagonien: ein zutrauliches weißes Walkalb.

schöpfliche Ölquelle betrachteten. Als 1530 die Bestände in den europäischen Küstengewässern zusammenbrachen, zogen die Walfänger an die kanadische Küste zwischen Labrador und Neufundland. Aufgrund des knappen Bestands wurde die Jagd 1713 eingestellt. 40 000 Glattwale hatte man bis dahin erlegt.

In Amerika nahm der Küstenwalfang im frühen 17. Jahrhundert seinen Anfang. Die bedeutendsten Zentren waren Nantucket (Massachusetts) und Long Island (New York). Im 18. Jahrhundert begann der Hochsee-Walfang: 1775 im Südatlantik, 1789 im Südpazifik und 1820 schließlich im Nordpazifik. Im frühen 20. Jahrhundert wich diese Form der Jagd der modernen Walfangindustrie mit Harpunenkanonen und Fabrikschiffen.

Die drohende Ausrottung der Glattwale führte in den 1930er-Jahren zur ersten internationalen Schutzkonvention. Ungeachtet dessen setzten Japan und die ehemalige UdSSR ihr Treiben bis in die 1960er-Jahre fort. Heute sind Glattwale durch die Internationale Walfangkommission (IWC) geschützt. Ob sich die Bestände im Nordatlantik und Nordpazifik allerdings jemals erholen werden, ist angesichts der Gefahren, die den Walen durch Treibnetze und Kollisionen mit Schiffen drohen, fraglich, denn jedes Jahr sterben dadurch fast genauso viele Wale wie im gleichen Zeitraum geboren werden. Hinzu kommen Einflüsse wie akustische Verschmutzung und Schiffsverkehr, die die Tiere in ihrer Bewegungsfreiheit und Kommunikation behindern und ihren Lebensraum immer mehr einschränken.

Der einzige Feind des Glattwals ist der Orca.

Verhalten – Bestimmung

Glattwale sind träge Schwimmer (3 bis 6 km/h). Ihr v-förmiger Blas erreicht eine Höhe von 4 bis 5 m. Vor dem Abtauchen heben sie die Fluke aus dem Wasser, allerdings nur selten vertikal. Sie sind an der Oberfläche sehr lebhaft, insbesondere in den Paarungsgründen. Trotz ihrer Körperfülle springen sie gern aus dem Wasser, Jungtiere mitunter 30 Mal in Folge.

Die beständigste Bindung ist die zwischen der Walmutter und ihrem Sprössling.

Blauwal

Blue whale

Balaenoptera musculus

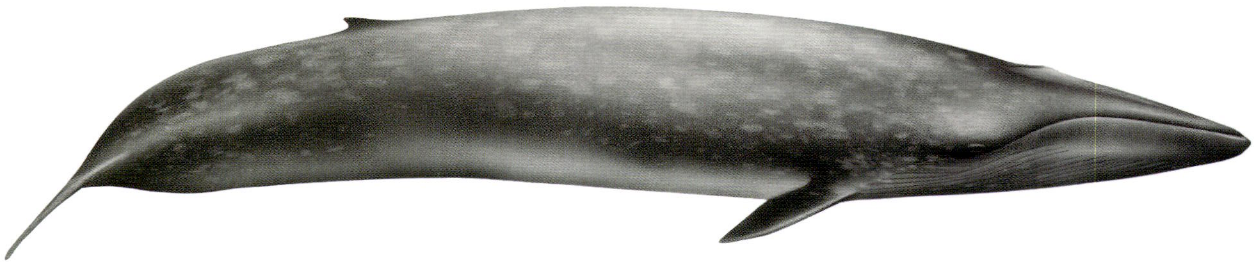

Namensherkunft

Linné, 1758. Von lat. *balaena* »Wal«, von griech. *pteron* »Flügel«. Von lat. *musculus* »Mäuschen« (in ironischer Anspielung auf eine Mausart, die er zuvor selbst unter dem Namen *Mus musculus* beschrieben hatte) und, zutreffender, »Muskel«. Lacépède hat die Gattung *Balaenoptera*, »Wal mit Flügel«, erdacht, um die mit Finne ausgestatteten Furchenwale von den finnenlosen Glattwalen zu unterscheiden.

Sie gelten als die »Windhunde« der Meere und sind an ihrer schlanken, für Schnelligkeit geschaffenen Gestalt zu erkennen. Sie »schluckfiltern« ihre Nahrung. Diese Fresstechnik wird durch die Kehlfurchen unterstützt, lange ziehharmonikaartige Falten von der Kehle bis zur vorderen Bauchhälfte, die sich unter der Wirkung des Wasserdrucks ausdehnen. Auf diese Weise kann der Wal mit einem Schluck ungeheure Mengen nahrungsreiches Wasser aufnehmen.

Unterarten

Gemäß den »Internationalen Regeln der Zoologischen Nomenklatur« wird heute nur eine Art anerkannt. Einige Wissenschaftler unterscheiden vier Unterarten: Nördlicher Blauwal (*Balaenoptera musculus musculus*), »Indischer« Blauwal (*B. musculus indica*), Zwergblauwal (*B. musculus brevicauda*) und Südlicher Blauwal (*B. musculus intermedia*). Im Folgenden wird auf diese Unterarten Bezug genommen, um die Populationen geografisch besser unterscheiden zu können.

Beschreibung

Der Blauwal ist das größte lebende Tier. Rekordhalter ist der Südliche Blauwal mit 33,6 m, gegenüber 32,6 m beim Nördlichen Blauwal. Ein erwachsenes Tier wiegt 80 bis 150 t. Weibchen sind etwas größer als Männchen. Der Kopf mit einem Mittelgrat von Rostrumspitze bis Blasloch ist länglich und flach. Vom Oberkiefer hängen 540 bis 790 schwarze, 1 m lange und 50 cm breite Barten. An der Kehle verlaufen von Schnauzenspitze bis Nabel 60 bis 88 Furchen. Die marmorierte Körperfärbung reicht von Schiefergrau bis Dunkelbraun.

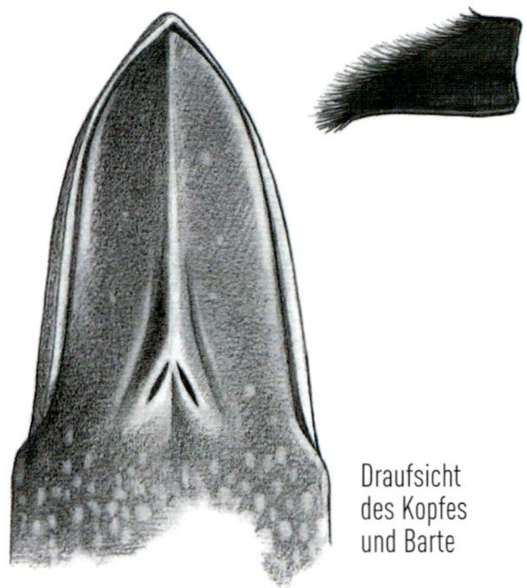

Draufsicht des Kopfes und Barte

Die länglichen, dreieckigen Flipper erreichen 15 % der Gesamtkörperlänge. Die im Vergleich zur Körpergröße winzige Finne variiert in der Form von unauffälligem Wuchs bis stark sichelförmig. Im Profil wirkt der Schwanzstiel massiv, von hinten dagegen sehr schmal. Die Fluke ist leicht konkav mit kleiner Mittelkerbe.

Lebensweise

Habitat – Populationen

Blauwale wandern zwischen Futter- und Fortpflanzungsgründen und leben in Gebieten mit reichem Nahrungsangebot.

Nördlicher Blauwal (*Balaenoptera musculus musculus*): Im Nordatlantik gibt es zwei Populationen. Die westliche ist die bekanntere. Sie lebt in den Gewässern von

Neufundland, Neuschottland, Neuengland und Grönland sowie in der Mündung des Sankt-Lorenz-Stroms in Kanada, wo mithilfe von Fotoidentifikation und DNS-Analysen über 350 Wale von der Organisation Mingan Island Cetacean Study (MICS) erfasst wurden. Das Wintergebiet der westlichen Population erstreckt sich bis nach Florida und zu den Bermudas.

Im Nordostatlantik sollen mehrere Unterpopulationen ein riesiges Gebiet von Island bis zu den Azoren und weiter bewohnen. Man nimmt an, dass die im Winter und Frühjahr bei den Kanaren und Azoren beobachteten Wale nach Island zurückkehren, wo sie sich von Mai bis September zur Nahrungsaufnahme aufhalten. Die südlichsten Gebiete liegen zwischen der afrikanischen Küste und den Kapverdischen Inseln. Der Gesamtbestand im Nordatlantik wird auf 600 bis 1500 Tiere geschätzt.

Ein Blauwal hebt vor dem Abtauchen die Fluke aus dem Wasser.

Nach einem langen Tauchgang ist der Blas des Blauwals besonders eindrucksvoll.

Im Nordpazifik existieren zwei Unterpopulationen: die Gruppe »Alaska/Kalifornien« mit schätzungsweise 2000 bis 3000 Tieren sowie die Gruppe »Kamtschatka/Südjapan«, von denen es bestenfalls noch einige Hundert gibt.

Der »Indische« Blauwal (*Balaenoptera musculus indica*) lebt im mittleren Indischen Ozean: Malediven, Sri Lanka und Südindien. In östlicher Richtung von Sumatra bis zum Nordwesten Australiens. In westlicher Richtung von Tansania bis Madagaskar. Das Verbreitungsgebiet überlappt sich vermutlich mit dem des Zwergblauwals und des Südlichen Blauwals.

Der Zwergblauwal (*Balaenoptera musculus brevicauda*) lebt im Südindischen Ozean von Afrika bis Australien und Neuseeland. Seine Verbreitung reicht wohl nicht bis in die extremen Breiten, in denen der Südliche Blauwal vorkommt. Dennoch überschneiden sich ihre Verbreitungsgebiete zum Teil.

Der Südliche Blauwal (*Balaenoptera musculus intermedia*) ist die größte und häufigste der vier Unterarten. Im Sommer kommt er in der gesamten zirkumpolaren Region vor. Die winterlichen Fortpflanzungsgebiete sind unbekannt.

Ernährung

Blauwale bewohnen die Hochsee. Ihre Hauptnahrung ist Krill (Euphausiden), von dem sie täglich 5 bis 8 t verzehren. Beim Fressen dehnen sich die Kehlfalten zu einem enormen Sack aus und vergrößern so das Fassungsvermögen des Mauls.

Eine seltene Aufnahme eines Blauwals beim Sprung aus dem Wasser (*breach*) vor den Azoren.

Sozialstruktur – Fortpflanzung

Die Kommunikation der Blauwale ist auf keinen bestimmten Zeitraum begrenzt. Ihre Töne sind niederfrequent und tragen über Hunderte Kilometer, sodass sich die Wale mit ihresgleichen auch über große Entfernungen verständigen können. Mit einer Lautstärke von 188 Dezibel sind sie auch die lautesten Tiere der Welt.

Weibchen erreichen die sexuelle Reife mit 8 bis 10 Jahren und einer Größe von 21 bis 23 m auf der Nordhalbkugel bzw. 23 bis 24 m auf der Südhalbkugel (die Männchen bleiben etwas kleiner). Nach einer Tragzeit von 10 bis 12 Monaten bringt die Mutter ein 6 bis 7 m langes Kalb zur Welt, und zwar alle 2 bis 3 Jahre. Nach der Entwöhnung misst das Kleine 16 m. Die Lebenserwartung soll zwischen 80 und 100 Jahren liegen.

Gefährdung und Schutz

Aufgrund ihrer Schnelligkeit und stattli-

Ein Blauwal verschwindet in den Tiefen des Golfs von Kalifornien.

chen Masse entkamen Blauwale den ersten traditionellen Walfängern mit ihren kleinen offenen Booten und Handharpunen. Das Abschlachten setzte ein, als der Norweger Sven Foyn 1868 die Harpunenkanone mit Sprengkopf erfand und schließlich die ersten Fabrikschiffe aufkamen. Ab 1900 stellte man ihnen in allen Ozeanen bis in die menschenfeindlichsten Gegenden nach. 1931 wurden über 29 000 Wale erlegt. 1966 verbot die Internationale Walfangkommission (IWC) die Jagd. Ungeachtet dessen setzten einige Nationen wie die ehemalige UdSSR den Walfang bis Ende der 1980er-Jahre illegal fort. Zwischen 1910 und 1966 wurden offiziell 360 000 Blauwale getötet, davon 330 000 allein im Gebiet der Antarktis. Obwohl die Art seither weltweit unter Schutz steht, erholt sie sich nur sehr langsam. Hauptursachen sind Treibnetze und Umweltgifte, die eine Senkung der Geburtenrate zur Folge haben. Die Zahlen sprechen für sich: Während in der Mitte des 19. Jahrhunderts etwa 200 000 Blauwale die Ozeane durchquerten, sind es heute nur noch 5000. Zudem plündert die industrielle Fischerei ihre einzige Nahrungsquelle: Krill, der uns wegen des hohen Anteils an Omega 3-Fettsäuren angeblich vor Herzkrankheiten schützt. Der einzige natürliche Feind der Blauwale ist der Orca.

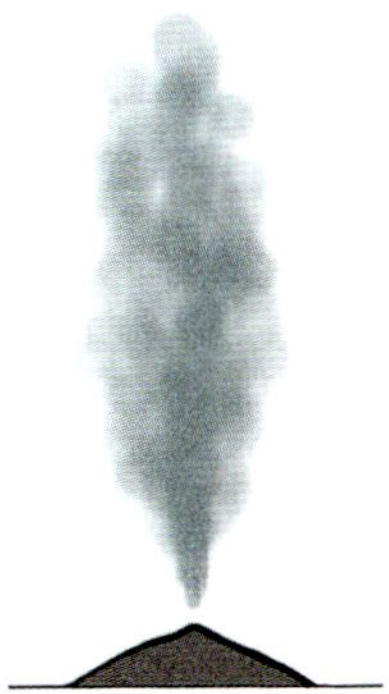

Verhalten – Bestimmung

Blauwale erreichen Geschwindigkeiten von 5 bis 15 km/h, mitunter auch Spitzen über 30 km/h. Die Tauchzeit liegt tagsüber bei 10 bis 30 Minuten. Je nach Länge des Tauchgangs ist der Blas zwischen 6 und 12 m hoch. Mit Ausnahme mancher Jungtiere zeigen Blauwale außerhalb der Fressphasen kaum Aktivitäten an der Oberfläche. Nur 18 % heben vor einem Tauchgang ihre Fluke. Blasloch und Finne erscheinen niemals gleichzeitig.

Ein Blauwal in Rückenlage beim Krillfang.

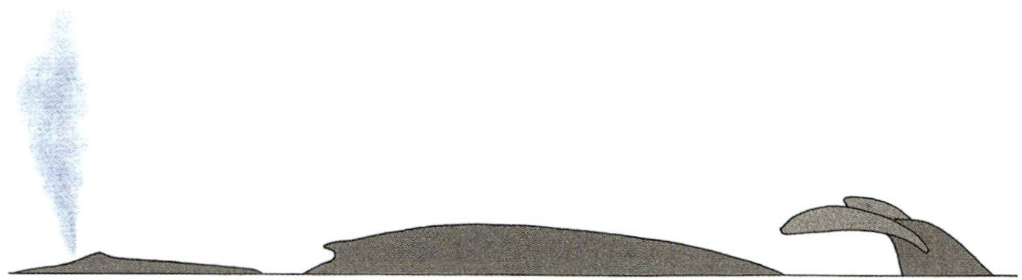

Finnwal

Fin whale

Balaenoptera physalus

Namensherkunft

Linné, 1758. Von lat. *balaena* »Wal«, von griech. *pteron* »Flügel«. Von griech. *phusalos* »Waltier«, das aus *phuseter* »Bläser« hervorging. Lacépède hat die Gattung *Balaenoptera,* »Wal mit Flügel«, erdacht, um die mit Finne ausgestatteten Furchenwale von den finnenlosen Glattwalen zu unterscheiden.

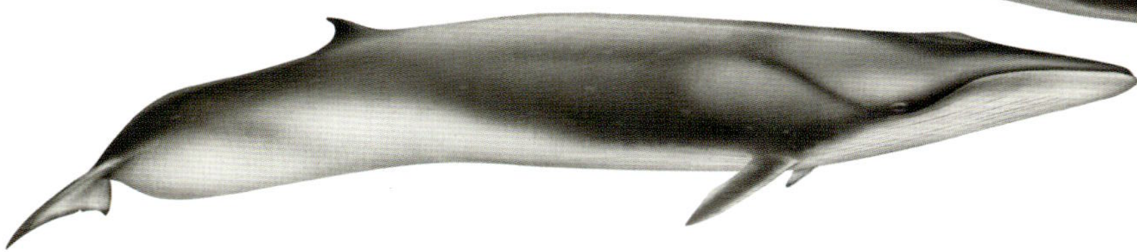

Omurawal

Omura's whale • *Balaenoptera omurai*

Namensherkunft

Wada et al., 2003. Von lat. *balaena* »Wal«, von griech. *pteron* »Flügel«. Lacépède hat die Gattung *Balaenoptera,* »Wal mit Flügel«, erdacht, um die mit Finne ausgestatteten Furchenwale von den finnenlosen Glattwalen zu unterscheiden. *Omurai:* zu Ehren des japanischen Walforschers Hideo Omura.

Systematik

2003 wurde eine neue Art in die Cetaceenliste der »Internationalen Regeln der Zoologischen Nomenklatur« aufgenommen, die sich vom *Balaenoptera physalus* durch ihr DNS-Profil, die Schädelstruktur und eine geringere Anzahl von Barten unterscheidet. Äußerlich sind sich die beiden Arten sehr ähnlich. Auch der Finnwal des Mittelmeers soll sich genetisch von dem im Atlantik unterscheiden.

Beschreibung

Der Finnwal ist nach dem Blauwal das zweitgrößte Tier der Erde. Die Weibchen der Südhalbkugel erreichen eine Größe von etwa 26 m bei einem Gewicht zwischen 60 und 80 t, im Vergleich zu 22,5 m bzw. 40 bis 50 t bei den Verwandten der Nordhalbkugel. Männchen bleiben etwas kleiner. Auf dem schmalen Kopf verbindet ein Mittelgrat das Blasloch mit der Rostrumspitze. Im Maul befinden sich 700 bis 800 etwa 70 cm lange Barten. Die Kehlfurchen verlaufen vom Kinn bis zum Nabel. Die Körperfärbung ist gewöhnlich dunkelgrau.

Wichtiges Merkmal: Die linke Kopf- und Kehlseite ist dunkel gefärbt, während die rechte Seite fast weiß ist. An dieser Asymmetrie kann der Finnwal eindeutig bestimmt werden.

Die spitz zulaufenden, dreieckigen Flipper sind oben hell- bis schiefergrau, unten weiß. Die Flipper der Finnwale der Nordhalbkugel sind kürzer und breiter als die ihrer südlichen Verwandten. Die Finne ist sichelförmig, die Fluke mittig tief gekerbt.

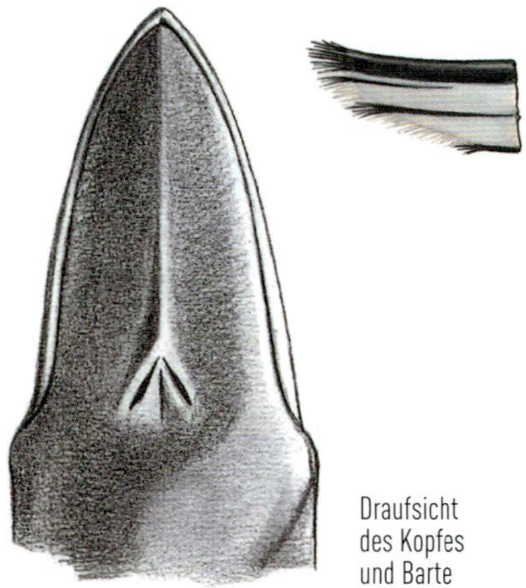

Draufsicht des Kopfes und Barte

Lebensweise

Habitat – Populationen

Die Spezies ist ungleichmäßig in allen Meeren von polaren bis in tropische Zonen, vornehmlich jenseits des Kontinentalsockels, verbreitet. Die Lebensräume von Nord- und Südpopulationen überschneiden sich teilweise, aufgrund der umgekehrten Jahreszeitenrhythmik begegnen sie sich jedoch nie.

Finnwale der Nordhalbkugel: Einige Tiere finden das ganze Jahr über in relativ hohen Breiten des Nordatlantiks Nahrung, was dem Einfluss des Golfstroms zu verdanken ist. Andere wiederum ernähren sich im Sommer in mittleren Breiten (Marokko, Spanien, Schottland, Norwegen, Island, Neufundland). In der Ostsee, im östlichen Mittelmeer, im Schwarzen und Roten

Ein Finnwal in der Morgenröte nördlich von Korsika.

Meer, Persischen Golf und in zahlreichen Äquatorialregionen kommt die Art nicht vor.

Finnwale der Südhalbkugel begeben sich im Sommer zur Nahrungssuche in antarktische Gewässer, mit Ausnahme von Weddell- und Bellingshausenmeer, im Winter ziehen sie zur Fortpflanzung zurück gen Norden.

Ernährung

Auf der Nordhalbkugel ernähren sich Finnwale vorzugsweise von Krill und anderen planktonischen Krebstieren, bisweilen auch von pelagischen Fischen, wie Heringen, Sardinen etc. Auf der Südhalbkugel stellt Krill die Hauptbeute (bis zu 1 t täglich).

Sozialstruktur – Fortpflanzung

Finnwale stoßen modulierte niederfrequente Klage- und Grunzlaute aus, die über mehrere Hundert Kilometer zu hören sind. Die beständigste Beziehung ist die zwischen Mutter und Kind, zumindest während der Säugezeit. Größere Ansammlungen findet man nur in reichhaltigen Futtergründen.

Männchen erreichen die Geschlechtsreife mit 6 bis 7 Jahren bei einer Größe von 17,5 m, die Weibchen mit 7 bis 8 Jahren bei einer Größe von 18,5 m (die Tiere der Südhalbkugel sind etwa 10 % größer).

Die Männchen liefern sich Rivalenkämpfe. Nach einer etwa 11-monatigen Tragzeit bringt das Weibchen ein 6 bis 7 m großes Kalb mit einem Gewicht von 1 bis 1,5 t zur Welt. Mit 6 bis 7 Monaten misst das Waljunge 11 bis 13 m. Der Fortpflanzungszyklus beträgt 2 Jahre. Die Lebenserwartung liegt bei 80 bis 90 Jahren.

Gefährdung und Schutz

Im Walfang spielten Finnwale, genau wie Blauwale, zunächst keine Rolle. Sie sind flinke Schwimmer und versinken nach dem Harpunieren – zwei gravierende Nachteile aus Sicht der frühen Walfänger, deren Boote zu langsam und schlecht ausgerüstet waren. Das änderte sich mit der Erfindung der Sprengkopf-Harpunenkanone und dem Aufkommen von Fabrikschiffen. Gegen Ende des 19. Jahrhunderts begann im Norden Norwegens ein derartiges Massaker, dass die Fänge bereits ab 1904 zurückgingen und das Jagdrevier auf die Ozeane bis in die Antarktis erweitert wurde. Zwischen 1935 und 1970

Der Fotograf muss sich sputen, denn Finnwale sind sehr flink (Azoren).

erlegten Walfänger jedes Jahr 30 000 Finnwale. In den 1960er-Jahren ergriff die Internationale Walfangkommission erste Maßnahmen zur Eindämmung des Gemetzels, bis sie dieses schließlich mit dem Moratorium von 1985 beendete. Dessen ungeachtet wurde der Walfang hauptsächlich vor Spanien und Island bis 1989 fortgeführt. Grönländer dürfen den traditionellen Walfang mit einer

Der explosive Blas eines auftauchenden Finnwals im Mittelmeer.

Quote von 10 bis 15 Tieren fortsetzen. Der Weltbestand wird derzeit auf 70 000 Finnwale geschätzt.

Treibnetze, Umweltgifte und Kollisionen mit Schiffen sind die Haupttodesursachen bei Finnwalen. Auf bestimmten stark befahrenen Routen, wie dem berühmten »rail d'Ouessan« vor der nordwestfranzösischen Küste und der Straße von Gibraltar, kommt es oft zu Zusammenstößen zwischen Finnwalen und schweren Frach-

Überraschung vor den Azoren: Ein Finnwal taucht dicht neben dem Boot auf.

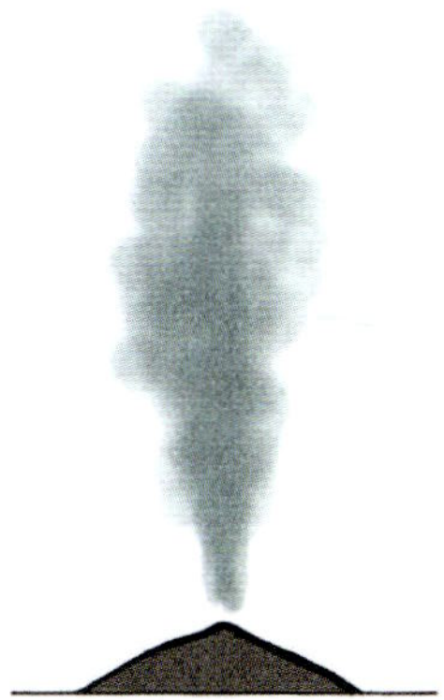

tern. Überfischung und kommerzielle Krillfischerei stellen das Überleben der Art infrage. Ihr einziger Feind ist der Orca.

Verhalten – Bestimmung

Die Schwimmgeschwindigkeit liegt gewöhnlich zwischen 7 und 12 km/h, Spitzen von über 30 km/h sind jedoch möglich. Die 100 bis 200 m tiefen Tauchgänge dauern 3 bis 10 Minuten. Der senkrechte, schmale Blas erreicht eine Höhe von 4 bis 6 m. Beim Abtauchen ist die Fluke des Finnwals praktisch nie zu sehen. Beim Auftauchen

erscheinen Blasloch und Finne niemals gleichzeitig. Daran kann man Finn- von Seiwalen unterscheiden, bei denen Blasloch und Finne gleichzeitig sichtbar sein können. Unreife Finnwale springen zuweilen mehrmals in Folge aus dem Wasser.

Ein Finnwal jagt vor der grandiosen Kulisse im Golf von Kalifornien (Mexiko).

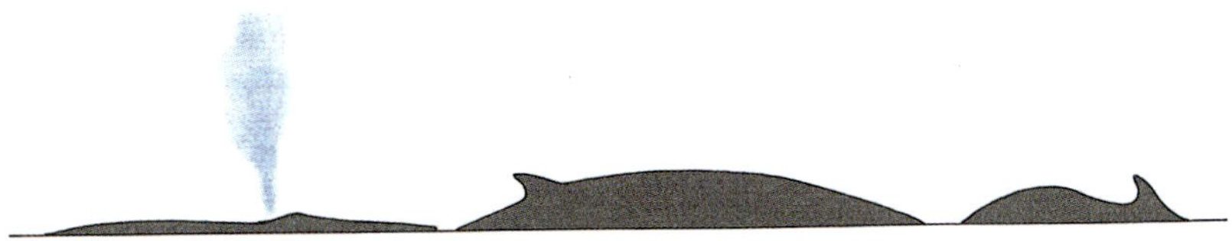

Seiwal

*Sei whale**
Balaenoptera borealis

Namensherkunft

Lesson, 1828. Von lat. *balaena* »Wal«, von griech. *pteron* »Flügel« und *borealis* »nördlich«. Lacépède hat die Gattung *Balaenoptera*, »Wal mit Flügel«, erdacht, um die mit Finne ausgestatteten Furchenwale von den finnenlosen Glattwalen zu unterscheiden. Der Trivialname stammt vom norwegischen *sejhval*: Die gleichzeitige Ankunft von Wal und Pollack, *seje* (*Pollachius virens*), an der norwegischen Küste führte zu der Namenskombination.

Beschreibung

Der Seiwal ist nach Blau- und Finnwal die drittgrößte Art. Weibchen erreichen eine Länge von 15 bis 18 m und ein Gewicht von 20 bis 30 t. Männchen bleiben etwas kleiner.

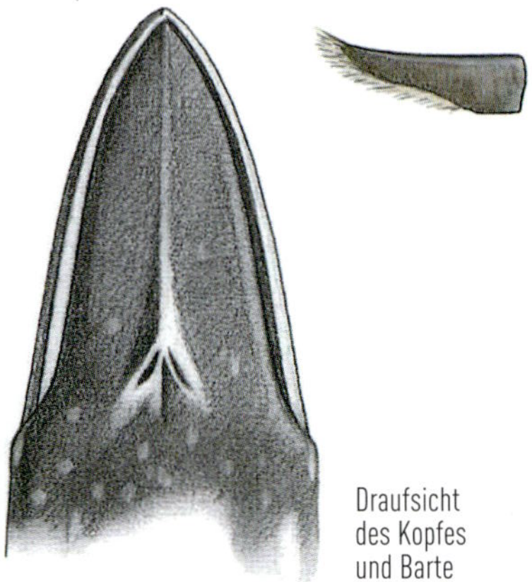

Draufsicht des Kopfes und Barte

Der Kopf nimmt 20 bis 25 % der Körperlänge ein und weist von Blasloch bis Rostrumspitze einen Mittelgrat auf. Im Maul befinden sich 740 bis 780 Barten mit 70 bis 75 cm Länge. Die Kehlfalten reichen von der Kinnspitze bis vor den Nabel. Seiwale besitzen schmale, dreieckige Flipper, eine stark sichelförmige Finne sowie eine Fluke mit fast gerader Hinterkante und gut ausgebildeter Mittelkerbe.

Die Färbung variiert von Schiefergrau bis Anthrazit.

Ein typisch torpedoförmiger Seiwal vor den Azoren.

Lebensweise

Habitat – Populationen

Seiwale kommen auf beiden Erdhälften in küstenfernen Gewässern vor. Im Sommer suchen sie in subpolaren Zonen nach Nahrung, im Winter pflanzen sie sich in gemäßigten Gewässern fort. Zwischen Nord- und Südpopulation bestehen genetische Unterschiede. Früher erkannten manche Wissenschaftler eine Nördliche (*Balaenoptera borealis borealis*) und eine Südliche (*Balaenoptera borealis schlegelii*) Unterart an.

Ernährung

Ruderfußkrebse, die häufigsten planktonischen Krebstiere der Erde, bilden die Hauptnahrung der Seiwale. Sie »schöpfen« sie dicht unter der Wasseroberfläche ab. Zum Speiseplan gehören auch pelagische Fische und Kalmare. Seiwale schwimmen häufig mit 2 bis 5 Tieren nebeneinander her.

Sozialstruktur – Fortpflanzung

Das stimmliche Repertoire scheint überwiegend aus Grunz- und Klagelauten im Niederfrequenzbereich zu bestehen. Es wurden kleine »Familiengruppen« mit Kälbern beobachtet.

Beide Geschlechter erlangen die sexuelle Reife mit 8 bis 10 Jahren. In diesem Alter misst ein Weibchen auf der Südhalbkugel 14 m, ein Männchen etwa 13 m. Ihre nördlichen Verwandten sind geringfügig kleiner. Bei der Eroberung eines Weibchens kann es Rivalenkämpfe geben. Nach einer Tragzeit von 10 bis 12 Monaten bringt die Mutter ein rund 4,5 m großes und 700 kg schweres Kalb zur Welt, das sie 7 Monate lang säugt. Die Lebenserwartung liegt zwischen 60 und 80 Jahren.

Der beeindruckende Blas eines Seiwals vor den Azoren.

Gefährdung und Schutz

Bis zur Erfindung der Harpunenkanone im Jahre 1868 und dem Aufkommen von Fabrikschiffen gegen Ende des 19. Jahrhunderts waren die flinken Tiere, wie andere Furchenwale, für die damaligen Walfänger außer Reichweite. Danach gab es kein Entkommen, zumal die Bestände der Blau- und Finnwale schrumpften. Zwischen 1960 und 1970 erlegten die Walfangflotten in der Antarktis 110 000 Seiwale. 1975 beendete die Internationale

Walfangkommission das Massaker im Nordpazifik, 1979 im gesamten Gebiet des Südens. Der Nordatlantik wurde 1986 unter Schutz gestellt, allerdings setzten Island und Grönland aus Gründen der »nationalen wirtschaftlichen Notwendigkeit« die Jagd fort. 1980 war die Anzahl der Seiwale auf ein Fünftel ihres ursprünglichen Bestands gesunken. Heute soll es etwa 60 000 Tiere auf der Südhalbkugel geben, 14 000 im Nordpazifik. Um die Population des Nordatlantiks ist es kritisch bestellt. Die einzige verfügbare Schätzung spricht von 10 000 Exemplaren im mittleren und nordöstlichen Atlantik.

Meeresverschmutzung, Treibnetze und Überfischung (auch von Plankton) gefährden das Überleben der Art. Ihr einziger natürlicher Feind ist der Schwertwal.

Verhalten – Bestimmung

Die Durchschnittgeschwindigkeit liegt bei 10 km/h, Spitzen von über 40 km/h sind jedoch möglich. Die Tauchgänge sind nicht sonderlich tief und dauern 5 bis 10 Minuten. Beim Abtauchen hinterlassen sie manchmal einen kreisförmigen Abdruck (*foot print*), der durch den letzten Schlag mit der Fluke entsteht.

Der schmale und kaum sichtbare Blas erreicht eine Höhe von 3 m. Seiwale tauchen in flachem Winkel ab, ohne die Fluke aus dem Wasser zu strecken. Im Unterschied zu Finnwalen, mit denen sie verwechselt werden könnten, zeigen Seiwale beim Auftauchen Blasloch und Finne gleichzeitig. Dieses Merkmal findet man bei Furchenwalen nur noch bei Zwergwalen, die jedoch deutlich kleiner sind.

Unter den großen Furchenwalen sind nur beim Seiwal Blasloch und Finne gleichzeitig sichtbar.

Brydewal

Bryde's whale

Balaenoptera brydei

Namensherkunft

Anderson, 1878. Von lat. *balaena* »Wal«, von griech. *pteron* »Flügel«. *Brydei* stammt von Johan Bryde, einem Pionier des südafrikanischen Walfangs. Lacépède hat die Gattung *Balaenoptera*, »Wal mit Flügel«, erdacht, um die mit Finne ausgestatteten Furchenwale von den finnenlosen Glattwalen zu unterscheiden.

Edenwal

Eden's whale • *Balaenoptera edeni*

Namensherkunft

Anderson, 1878. Von lat. *balaena* »Wal«, von griech. *pteron* »Flügel«. *Edeni* geht auf Sir Ashley Eden zurück, Hochkommissar der britischen Krone in Birma. Lacépède hat die Gattung *Balaenoptera*, »Wal mit Flügel«, erdacht, um die mit Finne ausgestatteten Furchenwale von den finnenlosen Glattwalen zu unterscheiden.

Systematik

Bryde- und Edenwale werden häufig mit Seiwalen verwechselt. Da die Untersuchungen von kürzlich entdeckten Exemplaren noch laufen, ist mit Änderungen in der Systematik zu rechnen. Wegen ihrer großen äußerlichen Ähnlichkeit werden beide in einem Kapitel behandelt.

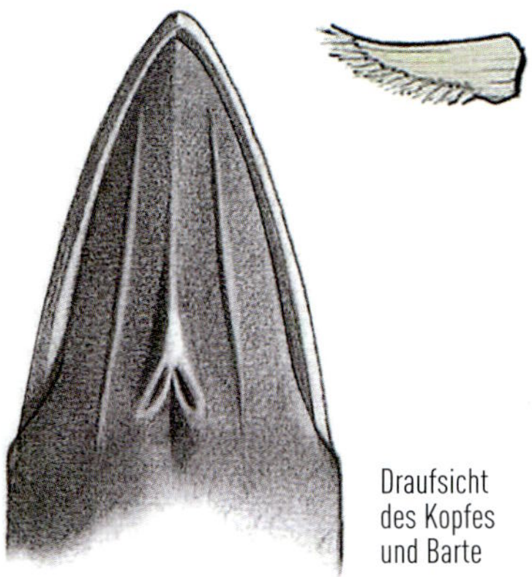

Draufsicht des Kopfes und Barte

Beschreibung

Weibchen werden 12 bis 15 m lang und 15 bis 20 t schwer. Männchen bleiben etwas kleiner. Die Hochseeformen sind in der Regel größer als die Küstenformen.

Der dreieckige Kopf ist kurz und spitz. Beiderseits des von Blasloch bis Rostrumspitze verlaufenden Mittelgrats befinden sich zwei Seitengrate. Die Augen sind größer als bei anderen Furchenwalen. Das Maul birgt 570 bis 700 Barten von 35 bis 40 cm Länge. 54 bis 56 Kehlfurchen ziehen sich von der Kinnspitze bis hinter den Nabel. Die relativ kurzen Flipper sind spitz zulaufend und länglich. Die Finne ist sichelförmig mit individuell unterschiedlicher Krümmung, die Fluke leicht konkav mit tiefer Mittelkerbe.

Die Körperfärbung reicht von Dunkelgrau bis Schwarz.

Lebensweise

Habitat – Populationen

Bryde- und Edenwale leben in Gewässern mit einer Temperatur von mindestens 16,5 °C und kommen praktisch im gesamten tropischen und subtropischen Gürtel zwischen 40° N und 40° S vor.

Atlantik: im Ostatlantik vom Kap der Guten Hoffnung bis zur marokkanischen Küste, im Westatlantik von Brasilien bis Virginia (USA), die Karibik mit eingeschlossen.

Indischer Ozean: im Südteil von Westaustralien bis Südafrika sowie im gesamten Nordbecken, offenbar aber nicht im Persischen Golf und im Roten Meer.

Pazifik: im Südwestpazifik von der australischen Küste bis nördlich von Neuseeland. Im Nordwesten: von Japan bis zu den Philippinen, einschließlich des Südchinesischen Meers. Die Tiere der »philippinischen« Population, deren Verbreitungsgebiet vom Golf von Thailand bis Papua-Neuguinea und zu den

Salomonen reicht, sind kleiner. Im Ostpazifik von Chile bis in den Golf von Kalifornien (Mexiko).

In Südafrika gibt es zwei Populationen: Die eine bewohnt einen maximal 20 Meilen breiten Küstenstreifen, die andere hält von der Küste einen Mindestabstand von über 50 Meilen. Sie unterscheiden sich durch Größe und Nahrung.

Ernährung

Anstatt ihrer Nahrung auf langen Wanderungen zu folgen, variieren Bryde- und Edenwale ihren Speiseplan: pelagische Fische, planktonische Krebse, kleine Kalmare etc. Sie verzehren täglich 4 % ihres Gewichts (also 600 bis 660 kg).

Sozialstruktur – Fortpflanzung

Die stimmlichen Äußerungen bestehen aus kurzen Klagelauten (0,2 bis 1,5 s) im

Nur Bryde- und Edenwale besitzen drei Leisten auf dem Rostrum.

Frequenzbereich von 124 bis 250 Hz. Die Bindung zwischen Mutter und Kalb ist auf die Säugeperiode begrenzt. Sie sind einzelgängerisch, sehr selten sieht man Gruppen mit 2 bis 3 Tieren.

Beide Geschlechter erreichen mit etwa 7 Jahren die sexuelle Reife bei einer Größe von 11 bis 11,4 m bei Männchen bzw. 11,5 bis 11,8 m bei Weibchen. Nach einer Tragzeit von 11 bis 12 Monaten bringt das Weibchen ein ungefähr 900 kg schweres Kalb zur Welt. Es wird 6 bis 8 Monate lang gesäugt und ist dann 7 m groß. Der Fortpflanzungszyklus beträgt 2 Jahre, die Lebenserwartung 50 bis 70 Jahre.

Gefährdung und Schutz

Anfang der 1970er-Jahre verbot die Internationale Walfangkommission (IWC) den Fang von Blau-, Finn- und Seiwalen. Walfänger nahmen nun kleinere Arten ins Visier, darunter auch Bryde- und Edenwale. 1975 führte die IWC Fangquoten ein, um für ein gewisses Populationsgleichgewicht zu sorgen. Mit dem Moratorium von 1987 endete schließlich auch die Jagd auf diese Wale. Die meisten Populationen nehmen heute wieder leicht zu. Ihr einziger natürlicher Feind ist der Orca.

Verhalten – Bestimmung

Die Durchschnittsgeschwindigkeit beträgt 2 bis 7 km/h mit Spitzen von 25 km/h. Der schmale Blas ist 3 bis 4 m hoch. Beim Abtauchen (bis maximal 300 m Tiefe) krümmen sie den Rücken so stark, dass der Schwanzstiel erscheint, die Fluke bleibt unter Wasser. Finne und Blasloch sind nie gleichzeitig sichtbar. Am leichtesten erkennt man Bryde- und Edenwale an den drei Leisten auf dem Rostrum.

Ein Brydewal auf Jagd vor der mexikanischen Pazifikküste.

Nördlicher Zwergwal

Minke whale

Balaenoptera acutorostrata

Namensherkunft

Lacépède, 1804. Von lat. *balaena* »Wal«, von griech. *pteron* »Flügel«. Von lat. *acutus* »spitz« und *rostrata* »mit einer Schnauze versehen«. Lacépède hat die Gattung *Balaenoptera*, »Wal mit Flügel«, erdacht, um die mit Finne ausgestatteten Furchenwale von den finnenlosen Glattwalen zu unterscheiden. **Andere Namen:** Zwergwal, Minkewal

Südlicher Zwergwal

Antarctic Minke whale

Balaenoptera bonaerensis

Namensherkunft

Burmeister, 1867. Von lat. *balaena* »Wal«, von griech. *pteron* »Flügel«. Lacépède hat die Gattung *Balaenoptera*, »Wal mit Flügel«, erdacht, um die mit Finne ausgestatteten Furchenwale von den finnenlosen Glattwalen zu unterscheiden.

Systematik

Weil ein norwegischer Walfänger namens Meincke einen Zwergwal einmal für einen Blauwal gehalten haben soll, wurde die Art angeblich fortan aus Spott »Minke's whale« (Minkes Wal) genannt. Früher erkannte man nur eine Spezies an, *Balaenoptera acutorostrata*, seit Ende der 1990er-Jahre unterscheidet man zwei. Der Einfachheit halber werden hier alle Zwergwale in einem Kapitel behandelt, zumal in der Systematik ohnehin Änderungen zu erwarten sind.

Beschreibung

Weibchen des Nordatlantiks und Nordpazifiks erreichen eine Länge von 8,5 bis 8,8 m, ihre Südlichen Cousinen 9 m. Männchen bleiben etwas kleiner. Die Zwergunterart der Südhemisphäre ist in der Regel 2 m kürzer. Erwachsene Tiere wiegen 5 bis 10 t.

Der Kopf weist einen Mittelgrat von Blasloch bis Rostrumspitze auf. Das Maul birgt 460 bis 720 Barten. Von der Kinnspitze verlaufen 50 bis 70 Kehlfalten bis vor den Nabel. Die Körperfärbung reicht von Dunkelgrau bis Schwarz.

Die Flipper sind kurz und spitz mit variabler Färbung, die bei manchen Individuen auch einheitlich grau sein kann. Die Finne ist mehr oder weniger sichelförmig. Die Fluke besitzt eine leicht konkave Hinterkante mit schwach ausgebildeter Mittelkerbe.

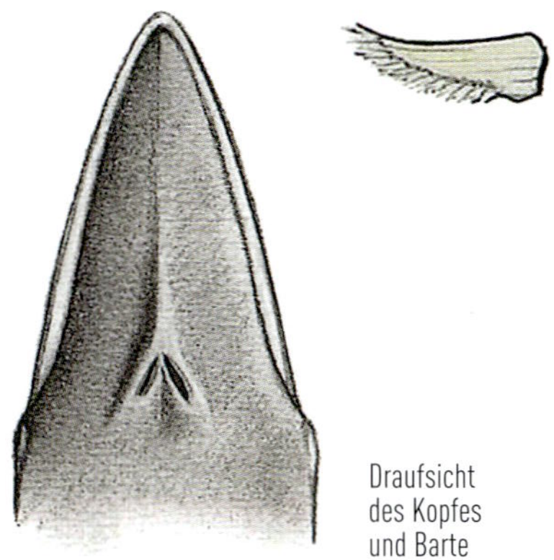

Draufsicht des Kopfes und Barte

Lebensweise

Habitat – Populationen

Zwergwale sind in allen Ozeanen verbreitet und leben im Jahreszeitenrhythmus. Im Sommer suchen sie in hohen Breiten nach Nahrung, den Winter verbringen sie zum Paaren und Kalben in gemäßigten oder subtropischen Gewässern.

Nordatlantik: im Sommer vom Baffinmeer bis Spitzbergen. Im Winter von der Karibik bis Senegal.

Nordpazifik: im Sommer von der nördlichen Beringstraße bis zur Tschuktschensee. Im Winter bis zum Äquator, von Hawaii bis Niederkalifornien.

Südhalbkugel: Über die Wanderungen der Zwergunterart ist wenig bekannt. Die Nordgrenze im Winter scheint ungefähr auf 11° S vor Australien und 7° S vor Peru zu liegen. Die sommerlichen Jagdgründe teilt die Zwergunterart mit dem Südlichen

Zwergwal: Sie befinden sich zwischen 55° S und der Eisgrenze. Die winterlichen Paarungsgründe des Südlichen Zwergwals befinden sich zwischen 10° und 30° S auf beiden Seiten Australiens, vor dem westlichen Südafrika und nordöstlich von Brasilien. Einige Individuen überwintern an der Eisgrenze.

Ernährung

Zwergwale haben einen abwechslungsreichen Speiseplan. Im Nordatlantik und Nordpazifik gehören dazu sowohl zahlreiche pelagische und am Boden lebende Fischarten als auch planktonische Krebstiere (Ruderfuß- und Leuchtkrebse). Die Zwergunterart ernährt sich in der Antarktis von planktonischen Krebstieren und bis in eine Tiefe von 250 m auch von Laternenfischen. Der Südliche Zwergwal

Großes Barriereriff in Australien: Ein Zwergwal präsentiert seine von Rostrum bis Bauch reichenden Kehlfurchen.

Anhand der Flecken können Wissenschaftler einzelne Zwergwale identifizieren und katalogisieren.

begnügt sich mit planktonischen Krebstieren.

Sozialstruktur – Fortpflanzung

Die »Sprache« der beiden Zwergwalarten umfasst diverse Grunz- und dumpfe Knalltöne im Niederfrequenzbereich bis 200 Hz.

Häufig sind Gruppen nach Geschlecht getrennt und bestehen nur aus Männchen bzw. nur aus säugenden Weibchen. Weibchen erreichen die sexuelle Reife mit ca. 6 Jahren, Männchen mit etwa 7 Jahren. Nach einer 10- bis 11-monatigen Tragzeit bringt die Mutter ein 2,4 bis 2,7 m großes und 350 bis 450 kg schweres Kalb zur Welt, das sie ungefähr 6 Monate lang säugt. Etwa 12 Monate nach der Geburt können sich 80 % der Muttertiere erneut paaren. Zwergwale sind aufgrund des einjährigen Fortpflanzungszyklus die sich am stärksten vermehrenden Bartenwale. Ihre Lebenserwartung liegt bei rund 60 Jahren.

Gefährdung und Schutz

Die Art spielte wegen ihrer geringen Größe im Walfang zunächst keine Rolle. Dies änderte sich 1970, als die Internationale Walfangkommission (IWC) neben dem Buckelwal immer mehr große Furchenwale unter Schutz stellte, bis 1979 schließlich nur noch Zwergwale bejagt werden durf-

Der Zwergwal taucht nur kurz auf, sein Blas ist kaum sichtbar.

ten. Japan und die ehemalige UdSSR töteten mit ihren Fabrikschiffen jährlich 8000 Exemplare; Brasilien und Südafrika einige Hundert von ihren Küstenstationen aus. Zwischen 1972 und 1980 erlegten allein japanische Walfänger 30 000 Zwergwale auf der Südhalbkugel.

Mit der Walfangsaison 1985/86 trat ein von der IWC beschlossenes weltweites Verbot des kommerziellen Walfangs in Kraft. Zu diesem Zeitpunkt wird der

Bestand der Südlichen Zwergwale auf 750 000 Tiere geschätzt. 1994 nahm Japan den »wissenschaftlichen« Walfang mit einer Quote von jährlich über 400 Südlichen Zwergwalen wieder auf.

Im Vergleich zu den anderen Bartenwalen haben Zwergwale aufgrund ihrer höheren Fortpflanzungsrate und der Schutzmaßnahmen der IWC die besten Überlebenschancen. Leider fordern Japan, Norwegen, Island und Grönland die Wiederaufnahme des kommerziellen Walfangs. Der einzige Feind des Zwergwals ist der Orca.

Verhalten – Bestimmung

Zwergwale sind die kontaktfreudigsten Bartenwale im Umgang mit Booten. Die Zwergunterart wird deshalb auch seit Jahren im australischen Großen Barriereriff erforscht. Der Blas von Zwergwalen ist unauffällig, verbreitert sich nach oben und erreicht knapp 3 m Höhe. Beim Auftauchen strecken sie das Rostrum deutlich aus dem Wasser, Blasloch und Finne können, wie beim Seiwal, gleichzeitig erscheinen. Beim Abtauchen ist die Fluke nicht sichtbar.

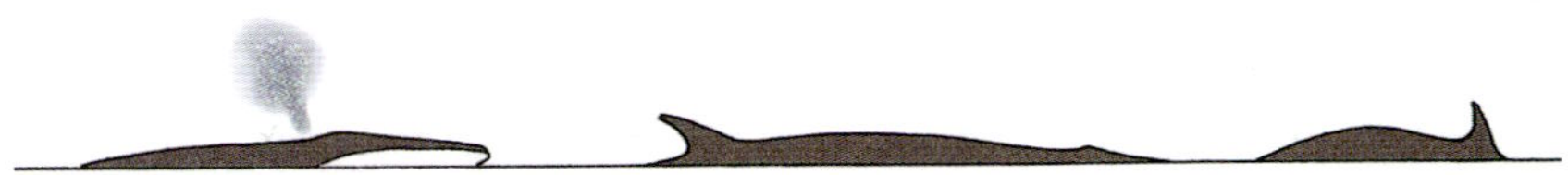

Beim Auftauchen streckt der Zwergwal sein Rostrum gen Himmel und nimmt dabei auch seine Umgebung in Augenschein.

Buckelwal

Humpback whale

Megaptera novaeangliae

Borowski, 1781.
Von lat. *megaptera* »großer Flügel« und *novaeangliae* »Neuengland«.

Beschreibung

Weibchen erreichen eine Größe von 14 bis 15 m, die Männchen bleiben 1 bis 1,5 m kleiner. Das Gewicht eines erwachsenen Tieres liegt zwischen 25 und 30 t.

Auf dem spitzbogenförmigen Kopf verläuft von Blasloch bis Rostrumspitze ein Mittelgrat. Ober- und Unterkiefer sind von mehr oder weniger aneinandergereih-

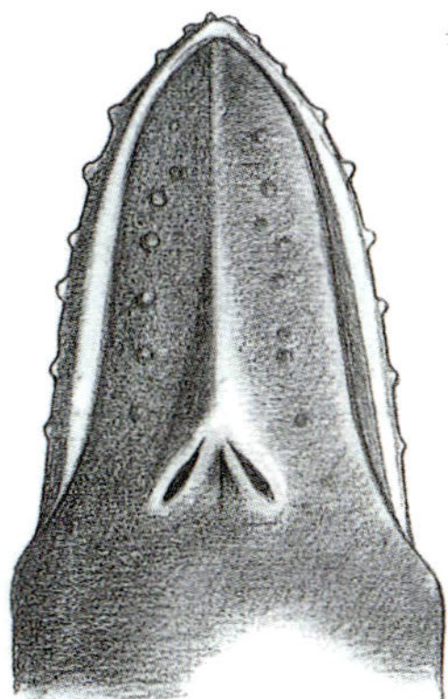

Draufsicht des Kopfes und Barte

Ein beeindruckender Luftsprung (*breach*) eines erwachsenen Buckelwals vor Mexiko.

ten Tuberkeln gesäumt. Im Maul befinden sich 540 bis 800 dunkle Barten, die zur Schnauzenspitze hin heller sein können. Von der Kinnspitze bis in die Nabelregion verlaufen 12 bis 36 Kehlfurchen. Vorn am Kinn befindet sich eine kielartige hornige Wölbung.

Die Färbung der Rückenseite reicht von Schwarz bis Dunkelbraun, die der Bauchseite von Anthrazit bis Weiß. Die Tiere der Südhalbkugel besitzen einen fast weißen Bauch, ihre Verwandten der Nordhalbkugel einen dunkleren. Die Flipper entsprechen einem Drittel der Körperlänge. Die Flipperunterseite ist weiß, die Oberseite bei Buckelwalen der Nordhälfte überwiegend weiß, bei denen der Südhalbkugel überwiegend schwarz. Auffällig ist die Umkehrung der Hauptfarben: schwarzer Bauch, weiße Flipper auf der Nordhemisphäre, weißer Bauch, schwarze Flipper auf der Südhemisphäre.

Beim Weibchen sitzt hinter der Genitalöffnung eine grapefruitgroße Beule. Größe und Form der kleinen Finne reichen von nahezu nicht vorhanden bis sichelförmig. Die kräftige, stark geschweifte Fluke besitzt eine deutliche Mittelkerbe und gezackte Hinterkante. Die Färbung der Flukenunterseite kann alle erdenklichen Schwarz-Weiß-Kombinationen aufweisen, anhand derer Individuen erkannt und fotografisch katalogisiert werden können.

Vor Madagaskar schlägt ein Buckelwal mit der Fluke aufs Wasser.

Lebensweise

Habitat – Populationen

Buckelwale sind in allen Ozeanen verbreitet und wandern im Jahreszeitenrhythmus. Den Sommer verbringen sie in ihren Nahrungsgründen in hohen Breiten, den Winter in tropischen oder subtropischen

Gewässern zur Fortpflanzung. Die einzige nicht wandernde Population bewohnt ein Gebiet im Nordwesten des Indischen Ozeans, das sich vom Horn von Afrika (Somalia) entlang der Arabischen Halbinsel bis nach Pakistan erstreckt. Im Roten Meer kommt die Art nicht vor.

Nordatlantik: Von West nach Ost umfassen die Sommerquartiere den Golf von Maine (USA), die Mündung des Sankt-Lorenz-Stroms (Kanada), Neufundland, Labrador, Grönland, Island und Norwegen. Im Winter finden Fortpflanzung und Geburt in den karibischen Gewässern, vor allem bei der Silberbank (Dominikanische Republik) statt. Richtung Osten scheint sich das Hauptfortpflanzungsgebiet im Golf von Guinea zu befinden. Einige Tiere sollen sich bei den Kapverdischen Inseln aufhalten. Im April/Mai ziehen Wale, die wahrscheinlich zu den Nahrungsgründen bei Island und Grönland unterwegs sind, durch die azorischen Gewässer.

Nordpazifik: Dort können offenbar vier Populationen nach ihren Wanderungen zwischen Sommer- und Winterquartieren unterschieden werden: Alaska/Hawaii; Kalifornien (USA)/Mexiko Festland; Beringmeer/Revillagigedo-Inseln (Mexiko); Nordwestpazifik/Japan. Es wurden auch schon Bewegungen zwischen Nordost- und Nordwestpazifik festgestellt.

Plötzlich springt vor der mexikanischen Küste ein Walkalb mit aufgerissenem Maul aus dem Wasser.

Ein junger Buckelwal vor Rurutu (Polynesien).

Südhemisphäre: Im Sommer ernähren sich die Buckelwale in der Antarktis. Zur Fortpflanzung kehren sie in ihre eigenen Geburtsgründe zurück. Südatlantik: bis zum Abrolhos-Archipel (Brasilien). Indischer Ozean: Mosambik, Madagaskar, Komoren, Réunion, Westaustralien. Pazifik: Ostaustralien, Neukaledonien, Tonga, Fidschi, Polynesien, Kolumbien, Ecuador, Galapagosinseln. Von allen Arten halten die südamerikanischen Buckelwale den Rekord im Langstreckenwandern.

Ernährung

Buckelwale ernähren sich von planktonischen Krebstieren (Euphausiden) und Fischen (Heringen, Sardinen, Makrelen etc.). Sie beherrschen als einzige Art perfekt die Kunst des Fischfangs mit Luftblasennetzen (*bubblenet feeding, lunge feeding*). Dabei gehen sie allein oder kollektiv vor. In letzterem Fall schließt einer der Wale die Fische in einem Netz aus Luftblasen ein, indem er unter dem Schwarm immer engere Kreise zieht, während die anderen mit weit aufgerissenem Maul senkrecht nach oben mitten in die panischen Fische stoßen, die sich dicht an der Oberfläche drängen.

Sozialstruktur – Fortpflanzung

Männliche Buckelwale sind für ihre Gesänge während der Paarungszeit berühmt: durchdringende Schreie, lang gezogene Quietschlaute, Klirr- und Klappertöne und Trompetenstöße. Die Sozialstruktur besteht aus kleinen »opportunistischen« Zusammenschlüssen, die sich vorübergehend zum Jagen oder zum Schutz der Kleinen bilden.

Eine Gruppe Buckelwale über den Korallen vor Rurutu (Polynesien).

Beide Geschlechter werden mit etwa 5 Jahren bei einer Größe von 10 bis 12 m geschlechtsreif. Häufig konkurrieren mehrere Männchen um ein Weibchen. Nach einer 11-monatigen Tragzeit bringt die Mutter ein 4 bis 4,5 m langes und 1 bis 2 t schweres Kalb zur Welt. Mit 6 bis 8 Monaten und einer Größe von 8 bis 10 m wird es entwöhnt. Der Fortpflanzungszyklus beträgt in der Regel 2 Jahre. Die durchschnittliche Lebenserwartung liegt bei 70 bis 80 Jahren, in Einzelfällen können sie an die 100 Jahre alt werden.

Gefährdung und Schutz

Es hätte nicht viel gefehlt und man hätte die jahrhundertelang verfolgte Art ausgerottet. Im 20. Jahrhundert wurden allein auf der Südhalbkugel 200 000 Buckelwale erlegt. Als 1966 ein Fangverbot in Kraft trat, war ihre Anzahl auf 10 % des ursprünglichen Bestands geschrumpft. Die ehemalige UdSSR fing illegal weitere 48 000. Seither gilt die Spezies als »stark gefährdet«. Ganz wider Erwarten erholen sich die Bestände heute: 10 500 Wale im Nordatlantik, 6000 bis 8000 im Nordpazifik und 15 000 bis 20 000 auf der Südhalbkugel.

Gefährdet sind sie durch Fischernetze, Überfischung, Kollisionen mit Schiffen und Verschmutzung. Der einzige Fressfeind der Buckelwale ist der Schwertwal.

Verhalten – Bestimmung

Buckelwale sind die Akrobaten unter den Walen. Beim Abtauchen krümmen sie den Rücken zum Buckel (daher der Name) und strecken meist die Fluke aus dem Wasser. Der Blas kann eine Höhe von 3 bis 4 m erreichen. Da Buckelwale Booten gegenüber sehr tolerant sind, gehören sie ebenso wie Grauwale zu den Lieblingen der Whale Watcher.

Buckelwale auf Jagd in einer Frontlinie, Alaska.

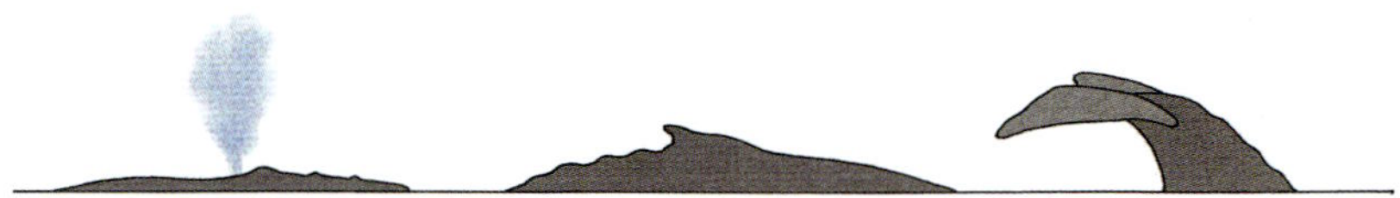

Teil 3

Whale Watching
Die Beobachtung von Walen und Delfinen

Hintergrund

Öffentlicher Druck führte in den 1970er-Jahren in einigen Ländern zu einem Walfangverbot, wie beispielsweise in Australien, Neuseeland, Kanada und den USA. Weltweit entstand – paradoxerweise auch in Walfangnationen wie Japan, Norwegen und Island – eine neue Art des Tourismus, die sich rasch verbreitete: Whale Watching, die Beobachtung von Walen und Delfinen. Regierungen entdeckten ihre Gewässer als Eldorado und wandelten sich urplötzlich zu Ökologen. Den Walen und Delfinen kann es nicht schaden.

Dieser relativ junge Industriezweig ist mittlerweile ein millionenschweres Geschäft. In den 1980er-Jahren taten sich zahlreiche Whale-Watching-Destinationen auf: Neuseeland, Südafrika, Argentinien, Australien, Kanada, USA, Mexiko. Im Laufe der 1990er-Jahre kamen die Kanarischen Inseln (Spanien), die Azoren (Portugal), Japan, Tonga, Neukaledonien, Französisch-Polynesien, Madagaskar, Mayotte und andere hinzu.

Auch Frankreich, das bei der Einrichtung des Walschutzgebiets (1999) im Ligurischen Meer im Mittelmeer eine aktive Rolle spielte, gehört inzwischen zum großen Klub der Whale-Watching-Länder.

Verhaltenskodex auf den Azoren.

Heute gibt es rund um den Erdball Hunderte Veranstalter, mit denen man Cetaceen in ihrer natürlichen Umgebung beobachten kann. Nach der leicht chaotischen Spontaneität der ersten Jahre fing man an, überlegter vorzugehen und Grundregeln für richtiges Verhalten beim Whale Watching aufzustellen. Ein Verhaltenskodex regelt die maximale Anzahl von Booten und legt Vorfahrtsregelungen, Positionen, Mindestabstände und erlaubte Beobachtungszeiten fest.

Beobachten – aber wie?

Von der Küste aus

Südafrika: Whale Watching von der Küste aus.

Es ist nirgendwo verboten, Wale und Delfine mit dem Boot zu beobachten, allerdings herrschen in manchen Ländern so strenge Vorschriften, dass man sich den Meeressäugern kaum nähern kann, ohne sich dabei gesetzeswidrig zu verhalten. So müssen beispielsweise in der Umgebung von Hermanus in Südafrika Boote einen Mindestabstand von 300 m zu den Walen einhalten. Es bleibt einem also nichts weiter übrig, als sie von der Küste aus zu beobachten.

Im Boot

Mit dem Kajak zum Blauwal (Niederkalifornien).

Beobachtung eines Finnwals beim Segeltörn im Mittelmeer.

Ausflug in einer kleinen Gruppe in Sainte-Marie (Madagaskar).

An Bord eines Katamarans in Patagonien.

Orca-Beobachtung im Schlauchboot vor den Azoren.

Eine Tauchyacht über dem Großen Barriereriff in Australien.

Ob kleines Segelboot oder Ozeandampfer, Zodiac oder Eisbrecher – alles was schwimmt, kann als Beobachtungsplattform dienen, sogar Cargoschiffe, Öltanker oder Fähren. Auch beim kommerziellen Whale Watching gibt es keinen bestimmten Bootstyp. Dieser variiert vielmehr mit der Höchstzahl der Passagiere, der Routenlänge, den regionalen See- und Wetterverhältnissen und dem angebotenen Komfort. Für halbtägige Exkursionen bei schönem Wetter eignen sich zum Beispiel Festrumpfschlauchboote, für mehrtägige Fahrten Kabinenschiffe oder Segelboote.

Aus der Luft

Immer öfter werden auch Flugzeuge, Hubschrauber und Ultraleichtflieger eingesetzt, sowohl um Whale-Watching-Booten Sichtungskoordinaten zu melden als auch zur eigentlichen Beobachtung. Die Plätze sind begrenzt und daher teuer. Zudem müssen Fluggeräte eine Mindesthöhe einhalten (gewöhnlich 300 m), was das Beobachten und Fotografieren erschwert.

Zwei Glattwale in Patagonien aus der Vogelperspektive.

Beim Tauchen

Da Wale und Delfine durch die Luftblasen von Tauchgeräten meist verschreckt werden, empfiehlt sich zur Beobachtung Freitauchen oder der Einsatz der inzwischen weiterentwickelten (blasenfreien) Rebreathergeräte. Aber ob mit oder ohne Luftblasen – nur wenige Cetaceen mögen es, wenn wir in ihren Lebensraum eindringen, eine Sichtungsgarantie gibt es nicht.

Freitauchen mit einem Buckelwal vor Rurutu (Polynesien).

Tauchen mit einem Glattwal am Cabo Blanco (Patagonien).

Zur eigenen Sicherheit sollte man daran denken, dass es ein Unterschied ist, ob man in der Nähe eines tonnenschweren Wals oder mit ein paar zutraulichen Delfinen schwimmt. Von wenigen Ausnahmen abgesehen, werden Genehmigungen zum Tauchen mit großen Walen nur noch begrenzt und an Experten erteilt.

Wann?

»Wilde« Beobachtung in Puerto Vallarta (Mexiko).

Pottwal vor den Azoren.

Ein gelungener Whale-Watching-Ausflug hängt – abgesehen vom Wetter und Glück – von zwei wesentlichen Punkten ab: der richtigen Zeit und dem richtigen Ort. Bei der Planung sollte man sich daher unbedingt vorab beim örtlichen Veranstalter informieren, wann der günstigste Zeitpunkt zur Beobachtung einer Art ist. Jahreszeitlich wandernde Wale ernähren sich im Sommer in kalten Gewässern und pflanzen sich im Winter in wärmeren Zonen fort. Wanderungen von Delfinen werden häufig von der Beute bestimmt, weil sie ihr folgen. In bestimmten Gebieten leben ortstreue Populationen, andere Arten ziehen nur durch.

Ein Glattwal in Patagonien.

Vorbereitung und Ausrüstung

Bevor man sich auf eine Whale-Watching-Tour begibt, sollte man sichergehen, dass man Bootsausflüge verträgt, und gegebenenfalls vor der Buchung eine »Probefahrt« machen.

Vorkenntnisse

Fürs Whale Watching muss man keinen Doktortitel als Walforscher besitzen, aber es ist durchaus hilfreich, sich in Naturführern zum Thema vorab etwas einzulesen. Oft verfügen auch die Anbieter vor Ort über Literatur. Selbst ein paar oberflächliche Kenntnisse bereichern die Begegnungen.

Reiseapotheke

Bei Müdigkeit und Jetlag können selbst die Abgehärtetsten seekrank werden. Packen Sie ein entsprechendes Medikament in Ihre Reiseapotheke. Denn Übelkeit und Kopfschmerzen machen aus dem schönsten Ausflug eine Qual.

Geeignete Kleidung

Richten Sie sich nie nach der Temperatur an Land. Auf dem Wasser kühlt man durch den Fahrtwind rasch aus. Es empfehlen sich mehrere Kleidungsschichten nach dem »Zwiebelschalenprinzip«, um sich Wetter und Ausflugsetappen (Fahrt, längeres Halten etc.) anpassen zu können. Denken Sie daran, dass vom Salzwasser durchfeuchtete Baumwollkleidung (wie Jeans) praktisch nicht mehr trocknet. Achten Sie auf weiches, rutschfestes Schuhwerk (keine Spikesohlen auf Schlauchbooten) sowie auf wind- und wasserdichte Jacke und Hose (oder Einteiler). Schwimmwesten (Pflicht) stellt der Veranstalter zur Verfügung.

Sonnenschutz

Auf dem Meer kann die Sonne wegen der

Finnwal vor den Azoren.

Reflexion vom Wasser gefährlich sein. Verwenden Sie Sonnencremes mit maximalem Schutzfaktor und eine gute (möglichst polarisierende) Sonnenbrille mit Sicherungsband. Tragen Sie einen Hut, ebenfalls mit Sicherungsband, anstelle einer Kappe, die schnell Gefahr läuft, den Rest ihrer Tage auf dem Meeresgrund zu verbringen.

Fotografieren

Ideal ist eine digitale Spiegelreflexkamera mit verschiedenen Objektiven. Da sich der Abstand zu den Motiven ständig ändert, empfiehlt sich ein Zoomobjektiv (70–200 mm ist ein guter Kompromiss), möglichst mit Stabilisator. Um Aktionen in Bootsnähe aufs Bild zu bannen (zum Beispiel in der Bugwelle reitende Delfine) benötigt man aber eine geringere Brennweite. Zum Fotografieren von Luftsprüngen eignen sich nur Kameras mit schneller Scharfstellung und Serienbildfunktion (mindestens 4 Bilder pro Sekunde). Bridgekameras sind hierfür zu langsam. Sicherheitshalber sollte man zusätzliche Speicherkarten und Batterien, die sich bei niedrigen Temperaturen schneller entleeren, einpacken.

Glattwal in Patagonien.

Für Aufnahmen unter Wasser verwenden Profis Spiegelreflexkameras mit wasserdichtem Gehäuse. Es gibt inzwischen jedoch auch Digitalkameras für den Freizeit- und Amateurbereich, die bis in mehrere Meter Tiefe wasserdicht sind und (zum Teil) ebenfalls zu schönen Souvenirs verhelfen.

Ob Reiseapotheke, Fotoausrüstung oder Sandwiches – zum Schutz vor Regen und Spritzwasser gehört alles in einen wasserdichten Sack.

Commersondelfin vor Patagonien.

Wal- und Delfinsuche

Bis zur Einführung des Walfangmoratoriums 1986 betrieben auch manche Insulaner Walfang. So zum Beispiel die Azorer insbesondere der Insel Pico. Von Ausgucktürmen aus, die man auf den Abhängen des Vulkans erbaut hatte, hielten »Späher« Ausschau nach Pottwalen. Sobald sie Meldung machten, stachen die Kanus in See.

Auch heute noch sind die »Späher« im Einsatz – allerdings für friedliche Zwecke. Bei schlechter Sicht oder erfolglosem Ausguck halten die Skipper heute ein Hydrophon ins

Der Späher oder *vigia* auf den Azoren.

Der Ausguck von Queimada in Pico (Azoren).

Wasser, um Pottwalen, soweit anwesend, anhand ihrer »Klicks« auf die Spur zu kommen und ihren Standort zu finden.

Der Skipper lässt ein Hydrophon ins Wasser, um »Klicks« von Pottwalen zu orten (Azoren).

Auf dem Packeis bleibt das gute, alte Fernglas unersetzlich, um Grönlandwale, Walrosse oder gar einen Eisbären auszumachen, der sich bäuchlings »heranrobbt«.

Zur Ortung von Meeressäugern werden gele-

Ein Inuitführer hält Ausschau nach dem Blas eines Grönlandwals, Igloolik (Kanada).

gentlich auch Leichtflugzeuge oder (teurere) Hubschrauber eingesetzt, die die Koordinaten zum Boot funken. Ultraleichtflieger sind nur bedingt einsatzfähig, da sie mit zunehmender Entfernung von der Küste an Höhe gewinnen müssen, um im Falle eines Motorschadens zurücksegeln zu können.

Walsuche per Flugzeug oder Ultraleichtflieger.

Walsprache

Da das Whale Watching seinen Ursprung im angelsächsischen Sprachraum hat, dominieren englischsprachige Ausdrücke das Fachvokabular, insbesondere um zur Kommunikation zählende Verhaltensweisen zu beschreiben.

Breaching (Luftsprung): Dieses Verhalten ist allen Cetaceen gemein und kann sowohl Freude als auch Verärgerung ausdrücken. Womöglich dient es auch zur Kommunikation mit weit entfernten Artgenossen, da der Aufprall sehr laut ist. Eine Walmutter animiert ihr Kleines zum Springen, damit seine Muskulatur gekräftigt wird.

Ein beeindruckender *breach* eines erwachsenen Glattwals vor Patagonien.

Tail breaching (Luftsprung »mit der Fluke voraus«): Dieses praktisch nur von großen Walen gezeigte Verhalten scheint ein Zeichen der Verärgerung zu sein. Man sollte sich lieber entfernen.

Ein Buckelwal beim *tail breaching* in Cabo San Lucas, Niederkalifornien.

Lobtailing oder ***Tail slapping*** (Flukenschläge auf die Wasseroberfläche): ein bei allen Walen und Delfinen vorhandenes Verhalten. Die meist mehrmals in Folge ausgeführten Flukenschläge sind laut und beeindruckend. Über ihre Bedeutung können wir nur Vermutungen anstellen: Drohgebärde, Zeichen der Verärgerung, Signal zum Versammeln, Spiel ... Sicherheitshalber sollte man Abstand wahren, insbesondere wenn ein großer Wal mit der Fluke aufs Wasser schlägt.

Ein Buckelwal drischt mit der Fluke aufs Wasser (*lobtailing*), Rurutu (Polynesien).

Flipper slapping (Flipperschläge): Bei Buckel- und Glattwalen gehört das Schlagen mit den Flippern auf die Wasseroberfläche

Eine Buckelwalmutter schlägt mit dem Flipper (*flipper slapping*) aufs Wasser, ihr Kalb mit der Fluke (*lobtailing*), Puerto Vallarta (Mexiko).

zum Balzspiel. Eine Buckelwalmutter reagiert mitunter auf diese Art und Weise auf die Provokationen ihres Kalbs.

Tail standing (auf der Fluke stehen – vom

Ein Gemeiner Delfin vor den Azoren beim *tail standing*.

Autor mangels Fachterminus vorgeschlagener Ausdruck): Kleine Delfine bewegen sich in senkrechter Position fort und halten ihr Gleichgewicht anscheinend nur durch Bewegungen mit der Fluke.

Zwei Delfine vor den Azoren beim *bow riding*: Sie reiten in der »Bugwelle« eines Finnwals.

Bow riding (Bugwellenreiten): Delfine schwimmen und springen gern vor einem Schiff (oder einem Wal) und nutzen dabei die Druckwelle vor dem Bug (bzw. dem Wal).

Spyhopping (Spähstellung): Dieses Verhalten kommt bei den meisten Walen und Delfinen

Ein Grauwal in Spähstellung (*spyhopping*), Niederkalifornien.

vor. In senkrechter Position halten sie den Kopf aus dem Wasser, um sich umzuschauen (kleinere Delfine springen gewöhnlich). Grauwale stützen sich dabei im niedrigen Lagunenwasser auf dem Grund ab, um sich länger halten zu können.

Vor Vancouver (Kanada) taucht ein Grauwal ab.

Beeindruckender Abgang eines Blauwals vor Niederkalifornien.

Diving (Abtauchen): Manche Arten tauchen unauffällig ab, andere strecken (manchmal) die Fluke senkrecht aus dem Wasser, wie unter anderem Pott-, Glatt-, Grau- und Blauwale.

Logging (»Driften«): ein bei sozial lebenden

Ruhende Grindwale vor den Azoren (*logging*).

Cetaceen, wie Pott- und Grindwalen, häufiges Verhalten, bei dem sie gemeinsam an der Oberfläche ruhen. Hier heißt es, Abstand zu wahren, da jedes Eindringen die Tiere unnötig unter Stress setzt.

Ein Buckelwal vor Rurutu (Polynesien) beim *sailing*.

Sailing (Segeln): Der Wal streckt die Fluke senkrecht aus dem Wasser, um seinen Organismus abzukühlen (nicht zu verwechseln mit der viel kürzeren Flukenhaltung beim Abtauchen oder *diving*).

Strandungen

Es kann vorkommen, dass Wal- oder Delfinkadaver, noch bevor sie sich zersetzen oder von anderen Tieren gefressen werden, mit der Strömung an die Küste gespült werden. Diese natürlichen Strandungen haben nichts mit Einzel- oder Massenstrandungen lebender Tiere zu tun. Ursachen für dieses bislang wenig erforschte Phänomen könnten Parasiten, Störungen im Biosonarsystem oder Fehler bei der Magnetfeldwahrnehmung sein.

Was tun?

- Ruhe bewahren. Lärm und Hektik in der Umgebung des Tiers vermeiden, das ohnehin unter enormem Stress steht.
- Um Dehydrierung zu verhindern, Tier mit nassen Tüchern oder durch Übergießen feucht halten.
  Vorsicht: Das Blasloch muss freibleiben. Fluke, Flipper und Finne nicht vergessen, damit der Körper abkühlt.
- Informieren Sie Polizei, Feuerwehr oder ggf. die zuständige Behörde. Diese entscheiden, ob das Tier ins Meer zurückgehievt oder in ein Becken transportiert wird oder von seinem Leiden erlöst werden muss.
- Bei einem Kadaver leiten die Zuständigen alles Weitere in die Wege, wie etwa Probenentnahme, Skelettbergung oder Vergrabung bzw. Zerstörung des Kadavers.

Was lassen?

- Ein gestrandetes Tier nicht bewegen, insbesondere nicht an den Flossen ziehen.
- Ein Jungtier nicht von der Mutter trennen.
- Das Blasloch nicht mit einem Tuch bedecken oder mit Wasser überschütten, sonst erstickt bzw. ertrinkt das Tier, da das Blasloch direkt in die Lunge führt.

Überreste eines tot geborenen Grauwals in Niederkalifornien.

Die Wahl des Reiseziels

In der boomenden Whale-Watching-Industrie herrscht große Fluktuation, jedes Jahr kommen neue Veranstalter hinzu, andere gehen. Sie aufzulisten würde den Rahmen dieses Naturführers sprengen, der lediglich Anregungen geben kann. Bei der Wahl eines Anbieters sollte man unter anderem dessen Ruf, Erfahrung und Umweltengagement berücksichtigen. Und denken Sie daran, dass die Qualität bei Billigpreisen oft leidet.

Atlantischer Ozean

Norwegen

Whale Watching in einem umgebauten Fischerboot (Norwegen).

Orcas

Seit über 30 Jahren ziehen Heringe im Herbst millionenfach in den Vest- und Tysfjord und bieten ein Festmahl für Orcas. Seit 2006 sind die Wale allerdings schwieriger zu orten, da die Heringe wohl nicht mehr an die Küste kommen. Am besten erkundigt man sich vor einem Aufenthalt bei den örtlichen Anbietern. Es gibt Tagesausflüge in kleinen Booten oder längere Touren auf umgebauten Trawlern. Unter bestimmten Voraussetzungen kann man mit Orcas schwimmen.

Zeitraum: Ende September bis Anfang Dezember, ansonsten sind die Tage zu kurz und zu dunkel.

Klima: kalt (0 °C bis 5 °C), Wind, Regen, Schnee und bisweilen sogar ... Sonne!

Pottwale

Whale Watching im Sommer ab Andenes und Sto auf den Vesterålinseln an Bord umgebauter Fischkutter. Auf den vom Golfstrom erwärmten Inseln herrscht angenehmes Klima, das Meer kann jedoch ungemütlich sein. Warme Kleidung mitnehmen. 5- bis 6-stündige Bootsausflüge zur Beobachtung von Pottwalen, Sichtungsgarantie 95 %.

Zeitraum: Juni bis Mitte September.

Klima: an Land angenehm, auf dem Meer kalt.

Ein Pottwal taucht ab.

Vereinigtes Königreich und Irland

Ein zutraulicher Großer Tümmler.

In der schottischen Bucht Moray Firth lebt die größte Population Großer Tümmler des Nordens. Darüber hinaus wurden dort 12 weitere Wal- und Delfinspezies beobachtet. Ortstreue Einzelgängerdelfine, die Freddy, Donald, Percy, Simo oder Fungie heißen, verhalfen mehreren britischen und vor allem irischen Ortschaften zu Berühmtheit.
Zeitraum: Mai bis Oktober.
Klima: auf dem Meer kalt, häufig Wind.

Mittelmeer

Sichtung eines Finnwals im Mittelmeer.

1999 unterzeichneten Frankreich, Monaco und Italien ein Abkommen zur Einrichtung des 87 500 km² großen Meeresschutzgebietes »Pelagos«. Allein an der französischen Küste gibt es über 30 Veranstalter mit mehrstündigen Whale-Watching-Touren in Küstennähe oder mehrtägigen Segeltouren auf offener See. Zu sehen sind: Blau-Weiße Delfine, Große Tümmler, Rundkopfdelfine, Gewöhnliche Grindwale, Pottwale, Finnwale und andere. In der Straße von Gibraltar leben zahlreiche Delfine, im Spätsommer jagen Orcas Rote Thunfische. Touren ab Tarifa (Spanien) und Gibraltar.
Zeitraum: Mai bis Oktober.
Klima: Meist sonnig, oft windig.

Spanien (Kanaren)

Südlich von Teneriffa leben residente Indische Grindwale und Große Tümmler. Der Whale-Watching-Markt ist hart umkämpft, die Leistungen sind von entsprechend mittelmäßiger Qualität.

Indischer Grindwal in den Kanaren.

Zeitraum: ganzjährig
Klima: subtropisch, 10 Monate Sonne im Jahr. Zeitweise mehrere Tage anhaltender Wind und bewegte See.

Portugal (Azoren)

Die Whale-Watching-Destination schlechthin. Mit 25 gesichteten Spezies gehören die Azoren zu den artenreichsten Gewässern der Welt. Am häufigsten zu sehen sind: Pottwale, Große Tümmler, Rundkopf-, Gemeine und Blau-Weiße Delfine sowie Grindwale, seltener: Orcas, Kleine Schwertwale und Cuvier-Schnabelwale (*Ziphius cavirostris*). Im April/Mai Bartenwale: Blau-, Buckel-, Finn- und Seiwale.
Die besten Beobachtungstouren (dreistündig, im Schlauchboot) ab Lajes do Pico im Süden der Insel Pico. Lajes war einst ein bekannter Walfängerort mit einer Walfabrik, die heute

ein hervorragendes Museum beherbergt. Im Sommer feiern die Insulaner Feste zur Erinnerung an vergangene Zeiten.
Zeitraum: April bis Oktober.
Klima: Typ »vier Jahreszeiten«. Blitzschnelle Wetterumschwünge möglich. Juli und August meist sehr heiß.

Beobachtung von zwei Pottwalen vor Pico, Azoren.

Blick vom alten Walfanghafen Lajes auf den Berg Pico (Azoren).

Buckelwal direkt vor Gaansbai (Südafrika).

Südafrika (Atlantik)

Knapp 100 km von Kapstadt entfernt liegt der Treffpunkt aller Whale Watcher: die Stadt Hermanus mit dem legendären »Walschreier«. Sobald er einen Wal in Küstennähe entdeckt, macht er Meldung, indem er in sein Horn aus getrocknetem Kelpstängel bläst. Es gibt etliche Beobachtungsstellen an der Küste, vor der sich Südkaper nicht selten nur wenige Meter entfernt vergnügen. Beobachtungen mit dem Boot sind nahezu unmöglich.
Zeitraum: Juli bis November.
Klima: Temperaturen von 20 °C bis über 30 °C. Von sonnig bis regnerisch, zuweilen stark windig.

Der »Walschreier« von Hermanus (Südafrika).

Argentinien (Patagonien)

Im südlichen Sommer tummeln sich mehrere Hundert Südkaper in der riesigen Bucht von Valdés. Touren ab Puerto Piràmides, Bootsgrößen variieren je nach Passagierzahl. Man muss nicht sehr weit fahren, da in allen kleineren Buchten der Umgebung sowohl Männchen als auch Walmütter mit ihrem Nachwuchs zugegen sind. Mit etwas Glück begegnet man auch einer Schule Schwarzdelfine.

Südkaper in Valdés (Patagonien).

Ein Orca jagt Seelöwen in Patagonien.

Im Norden der Halbinsel Valdés jagen Orcas junge Seelöwen in Ufernähe und werfen sich dabei auch auf den Strand. Dieses Verhalten wurde bislang nur hier und auf den Crozetinseln im Südindischen Ozean beobachtet. Der Zutritt zu diesem Gebiet ist nur mit teuren, limitierten Genehmigungen möglich, auf die man mitunter mehrere Jahre warten muss.

Zwei Commersondelfine in Patagonien.

In Puerto Deseado (1000 km weiter südlich) sind in der Mündung Commersondelfine zu sehen, weiter draußen Pealedelfine. Bootstouren sind gezeitenabhängig.

Zeitraum: Südkaper Juli bis November, Orcas Februar bis April. Delfine ganzjährig.

Klima: rasche Umschwünge von Sonne zu Regen, gelegentlich auch Wind. Tagsüber 20 °C bis über 30 °C, nachts kühl.

Antarktis

Schlemmerzeit für Buckelwale: Den Sommer verbringen sie mit der Nahrungsaufnahme.

Beobachtungstouren finden auf großen Schiffen (teils auf umgebauten Eisbrechern) und bei günstigen Wetterbedingungen auf einem mitgeführten Schlauchboot statt. Zu sehen sind Bartenwale beim Fressen (Blau-, Buckel- und andere Furchenwale). Polarkleidung mitnehmen.

Zeitraum: Dezember bis März.

Klima: auch bei schönem Wetter immer kalt.

Brasilien

Fernando de Noronha

Spinnerdelfine vor Fernando de Noronha (Brasilien).

In den Gewässern der vor Recife gelegenen Insel Fernando de Noronha lebt schon seit Jahrhunderten eine Population Spinnerdelfine. Tagsüber halten sie sich in einer (für Touristen nicht zugänglichen) Bucht auf, nachmittags brechen sie auf zur Jagd – auf der stets gleichen Route. Dabei kann man mit ihnen schwimmen.

Zeitraum: ganzjährig

Klima: gewöhnlich sonnig. Wind und raue See möglich.

Amazonas-Orinoko-Region

Um den Amazonasdelfin, oder Boto, in seinem natürlichen Lebensraum zu sehen, sollte man die Regenzeit vermeiden, da sich die Delfine dann in den überschwemmten Wäldern verstreuen. Informieren Sie sich vorab über ihr Urlaubsziel, da der Wasserstand von Ort zu Ort stark schwanken kann. Die Region erfordert geeignete Ausrüstung. Die Exkursionen sind nicht ausschließlich den Delfinen gewidmet, sondern der gesamten Flora und Fauna des üppigen Amazonasurwalds.

Zeitraum: ganzjährig, aber besser in der Trockenzeit.

Klima: feuchte Hitze, tropische Regenschauer.

Nationalpark Abrolhos

Der Abrolhos-Archipel ist der erste Meeresnationalpark Brasiliens. Er liegt 80 km vor der Küste auf Höhe von Caravelas (Bundesstaat Bahia) und schützt die Paarungsgründe der Buckelwale. Mehrstündige oder mehrtägige Whale-Watching-Touren ab Caravelas.

Zeitraum: Juli bis Oktober.

Klima: sonnig, nachts frisch. Zeitweise raue See.

Ein Buckelwal schwimmt auf dem Rücken.

Imbituba und Laguna

Imbituba bietet bequemes Whale Watching, da die Südkaper dicht an die Küste kommen. Die Stadt liegt südlich von Florianopolis, der Hauptstadt des Bundesstaats Santa Catarina. Im nicht weit davon entfernten Laguna »kooperieren« Dutzende Große Tümmler mit Fischern und treiben die Fische (gegen einen Anteil an der Beute) in die Netze.

Zeitraum: Südkaper Juni bis Oktober, Delfine ganzjährig.

Klima: tagsüber sonnig, nachts frisch.

Dominikanische Republik

Silberbank

Jedes Jahr im Winter kommen Buckelwale zur Paarung zu dieser 3000 km^2 großen Korallenbank, die 80 km nördlich der Dominikanischen Republik liegt. Die einwöchigen Whale-Watching-Touren werden größtenteils von US-Veranstaltern organisiert. Unter bestimmten Voraussetzungen darf man auch ins Wasser. Bei Anwesenheit eines Wals ist Schwimmen, Tauchen und Armwedeln allerdings verboten (Schauen ist bislang noch erlaubt).

Flukenschläge dienen dem Buckelwal zur Kommunikation mit Artgenossen.

Samana

Auch in der Bucht von Samana, im Norden der Dominikanischen Republik, ist Whale Watching möglich. Die über die Hotels mit Gästen versorgten Boote (ca. 60 Passagiere) machen zweimal täglich etwa vierstündige Touren durch die Bucht.

Zeitraum: Mitte Januar bis Mitte März.

Klima: auf der Silberbank windig. In Samana warm, Regenschauer möglich.

Zügeldelfine in den Bahamas.

Karibik und Bahamas

Pottwale, Buckel- und andere Furchenwale sowie zahlreiche Delfinarten machen die Karibik zu einem wahren Paradies für Whale Watcher. Es wird empfohlen, sich bei Veranstaltern am Urlaubsort zu informieren. Seit Langem schon kann man in der Little Bahama Bank nördlich von Grand Bahama mit Großen Tümmlern und zutraulichen Zügeldelfinen schwimmen. Touren auf den Bahamas oder ab Florida (West Palm Beach).

Zeitraum: Buckelwale Mitte Januar bis Mitte März, die anderen Arten ganzjährig.

Klima: warm, mitunter heiß. Gelegentlich heftiger Wind und raue See. Hurrikangefahr von Juni bis Oktober.

USA (Golf von Maine)

In fünf US-Bundesstaaten bieten zahlreiche Veranstalter Touren an, um Wale beim Fressen zu beobachten: Buckel-, Zwerg-, Finnwale, Nordkaper (selten), Schweinswale, Zügeldelfine, Gewöhnliche Grindwale und andere. Ihr bevorzugter Futtergrund: die Stellwagen Bank zwischen Cape Cod und Cape Ann, eine 638 Quadratseemeilen große, als Meeresschutzgebiet ausgewiesene Sandbank.

Zeitraum: April bis Oktober.

Klima: zu Saisonbeginn Regen möglich, danach sehr heiß.

Kanada (Sankt Lorenz, Neufundland und Küstenprovinzen)

Vom Fluss Saguenay bis Mingan

Ein Buckelwal dreht sich um die eigene Achse und schlägt mit den Flippern aufs Wasser.

Die Hauptzentren des Whale Watching sind Tadoussac und Les Grandes Bergeronnes, dort sind Touren vor allem zu Finn- und

Ein Finnwal taucht zum Atmen auf.

Zwergwalen buchbar. Unweit davon lebt die südlichste Belugapopulation. Sie ist mit nur noch etwa 500 Tieren vom Aussterben bedroht und für die Öffentlichkeit daher nicht mehr zugänglich. Bei der Inselgruppe Sept-Îles findet man Blauwale, im Mingan-Archipel Zwerg-, Finn-, Buckelwale, Orcas und kleinere Delfinarten. Die Meeressäuger-Forschungsstation MICS (*Mingan Island Cetacean Study*) in Mingan bietet Praktika an, die auch Bootsausfahrten unter anderem zur Fotoidentifikation umfassen.

Von Neufundland bis zur Fundybai

Neufundland verfügt über zahlreiche eigens eingerichtete Stellen zum Beobachten

Mit aufgerissenem Maul schöpft der Nordkaper das Wasser nach Nahrung ab.

von Walen, die im Schutz der Klippen auf Nahrungssuche gehen.

160 km östlich von Neuschottland liegt der Gully Canyon, in dem mehr als 200 Entenwale leben. Das Schutzgebiet ist das einzige auf der Welt, wo man diese erstaunlichen Schnabelwale beobachten kann. Das reiche Nahrungsangebot lockt auch Pott- und Blauwale an.

Die Fundybai, die für ihren Nebel und den beeindruckenden wie auch gefährlichen Tidenhub (bis zu 21 m) bekannt ist, kommt einem wahren Schlaraffenland für Wale gleich, denn hier wimmelt es vor Krill. Zu sehen sind von Mai bis Oktober: Finn-, Sei-, Zwerg- und Buckelwale sowie der zu trauriger

Berühmtheit gelangte Atlantische Nordkaper, der mit einem Bestand von unter 500 Tieren dem Aussterben geweiht ist.
Zeitraum: Juli bis Oktober.
Klima: fast immer kühl. Ab September Nebel, ab Oktober auch Schnee möglich.

Blas eines Grönlandwals in der Nähe des Packeises.

Kanadische Arktis (Ost)

Churchill

In Churchill, einer im Westen der Hudsonbai gelegenen Ortschaft, kann man nicht nur Eisbären sehen, sondern auch Belugawale in der Mündung des Churchill River.
Zeitraum: Von Juni bis August halten sich die Belugas in der Mündung auf. Wenn sie im September fortziehen, erscheinen die Eisbären in großer Anzahl.
Klima: immer kalt. Unbedingt Polarkleidung mitnehmen.

Annäherungsversuch an ein Walross, das sich auf dem Packeis unweit von Igloolik (Kanada) ausruht.

Der hohe Norden Kanadas

Ab Ende Juni können hier Grönlandwale beobachtet werden – aber nur für wenige Wochen. Touren ab Igloolik, einer Ortschaft auf der gleichnamigen Insel zwischen Baffinland und der Melvillehalbinsel. Die nördlichsten Stellen zur Beobachtung von Narwalen und Belugas sind der Lancastersund und der Pond Inlet im Norden von Baffinland. Nur wenige (und wegen der kurzen Saison sehr teure) Anbieter.
Zeitraum: Juli und August, je nach Wanderung der Tiere.
Klima: kalt, obwohl die Sonne nicht untergeht. Nebel und Schnee möglich.

Grönland

An der Diskobucht auf der nach Australien zweitgrößten Insel der Welt liegen mehrere Orte, die Touren zum Beobachten von Buckel-, Zwerg- und Finnwalen bieten, z. B. Paamiut (Frederikshåb), Aasiaat und Ilulissat (Jakobshavn). Zur Erinnerung: Auch heute noch machen Inuit Jagd auf Belugas, Nar- und Grönlandwale.
Zeitraum: Juli und August. Die Bartenwale

Explosiver Blas eines Blauwals.

bleiben zwar bis Oktober, aber bereits ab September ist das Meer kaum mehr befahrbar.
Klima: auf dem Meer sehr kalt. Nebel und Schnee möglich.

Ein Zwergwal (kleinere Unterart) taucht neben dem Boot auf.

Island

Obwohl Island noch immer Walfang betreibt, wurde das Whale Watching dort in den letzten 20 Jahren stark ausgebaut. König der Wale ist hier der Zwergwal. Beobachtungstouren ab Húsavík im Norden, Höfn im Südwesten sowie ab Keflavík, Grindavík, Òlafsvik, Darvík oder Arnarstapi. Außerdem zu sehen sind Orcas (im Spätsommer) und gelegentlich ein Buckelwal. Bei Tagesausflügen auf dem offenen Meer vor Stykkishólmur kann man Pott- und Blauwalen begegnen.

Zeitraum: Mai bis September.

Klima: auf dem Meer sehr kalt. Im September Nebel und Schnee möglich.

Indischer Ozean

Südafrika (Ostküste)

Auf dem Weg von der Antarktis in ihre Fortpflanzungsgründe in den tropischen Inselgewässern des Indischen Ozeans passieren Buckelwale im Juni/Juli die Südostküste von Südafrika. Es gibt zwar keine hierauf spezialisierten Tourenanbieter, aber zufällig findet ein anderes, bei Tauchern sehr beliebtes Naturereignis statt: der *sardine run*. Milliarden Sardinen treten konzentriert vor der Küste auf und bieten Vögeln, Robben, Haien und langschnäuzigen Gemeinen Delfinen ein Festmahl. In der Hitze des Gefechts kann man nicht selten einen Buckelwal aus dem Wasser springen sehen. Am besten wendet man sich also an einen Tauchtourenveranstalter in Durban.

Zeitraum: Anfang Juni bis Mitte Juli.

Klima: an Land warm, auf dem Meer frisch bis sehr kalt. Mitunter raue See.

Langschnäuzige Gemeine Delfine auf Sardinenjagd in Südafrika.

Ein Buckelwal springt aus dem Wasser (*breach*), Südafrika.

Madagaskar und Mayotte

Buckelwale, die den südlichen Sommer zur Nahrungsaufnahme in der Antarktis verbringen, kommen zur Fortpflanzung unter anderem in die warmen Gewässer von Madagaskar und Mayotte. Whale Watching auf dem offenen Meer ab Ambodifotatra, der Hauptstadt der nordöstlich von Madagaskar gelegenen Insel Sainte-Marie, oder in der Lagune von Mayotte.

Zeitraum: Anfang Juli bis Mitte September in Sainte-Marie (Ende August auf Mayotte).

Klima: warm, in Sainte-Marie ist das Meer bisweilen rau. Gelegentlich tropische Schauer.

Westaustralien

Ab Denham, Carnarvon und Exmouth (724 km, 902 km bzw. 1270 km nördlich von Perth) geht es zu den Fortpflanzungsgründen der Buckelwale. Beobachtungen von der Küste aus und in kleinen Booten.

In Monkey Mia (750 km nördlich von Perth) leben etliche Große Tümmler, die sich schon seit Jahren füttern lassen. Mit einem Eimer Sardinen in der Hand warten Touristen knöcheltief im Wasser, bis sie an der Reihe sind. Ob so etwas sinnvoll ist, muss jeder selbst entscheiden.

Im offenen Meer vor Perth kann man Buckelwale auf ihrem Rückweg in die Antarktis beobachten.

Zeitraum: Juli/August in Denham, Carnarvon und Exmouth. Ganzjährig in Monkey Mia. September/Oktober in Perth.

Klima: warm bis heiß im Nordwesten. In Perth frischer.

Ein Buckelwal vollführt eine Serie von Sprüngen, Sainte-Marie (Madagaskar).

Südaustralien

Jedes Jahr treffen in der Großen Australischen Bucht zur Fortpflanzung Hunderte Südkaper aus der Antarktis ein. Whale Watching ist nur von der Küste aus möglich, nicht im Boot. Die Hauptorte sind der 85 km von Adelaide entfernte Hafen Victor Harbor und vor allem Head of Bight (1100 km westlich von Adelaide), wo sich unzählige Wale unter den Klippen tummeln. Eine einzigartige Gelegenheit, um »Luftbilder« zu machen.
Zeitraum: an der Küste Mai bis Oktober.
Klima: tagsüber frisch, nachts kalt (südlicher Winter). An der Küste oft windig.

Südkaper in Südaustralien.

Pazifischer Ozean

Ostaustralien

Großes Barriereriff

Ein Zwergwal (kleinere Unterart) im Großen Barriereriff, Australien.

Ein Zwergwal auf dem Weg in die Tiefe.

In Cairns bieten mehrere Tauchveranstalter eine weltweit einzigartige Form des Whale Watching an. In Zusammenarbeit mit Forschern beobachtet man auf einwöchigen Bootstouren im Großen Barriereriff Zwergwale (die kleine Unterart) in ihren Fortpflanzungsgründen. Das geschieht entweder von Bord aus oder im Wasser mit Flossen, Maske und Schnorchel. Die Wale kommen von sich aus zu den Schnorchlern, die – befestigt an Bootsleinen – die Meeressäuger bestaunen und fotografieren können.
Zeitraum: Juni und Juli.
Klima: an Land warm, auf dem Meer frischer.

Die Küste der Wale

Ein Buckelwal taucht ab.

Wie an der Westküste suchen sich Buckelwale auch im Osten ruhige Buchten zur Fortpflanzung, bevor sie wieder in die antarktischen Futtergründe zurückkehren. Eine der Whale-Watching-Hochburgen ist Hervey Bay, eine 300 km nördlich von Brisbane gelegene Ortschaft mit 31 000 Einwohnern. Außer Walen bekommt man hier auch Große Tümmler und gelegentlich Rundkopfdelfine zu Gesicht. Den *Hervey Bay Marine Park* kann man auf Tagesausflügen oder einwöchigen Touren mit einem der zahlreichen Veranstalter kennenlernen.

Zeitraum: Anfang August bis Ende Oktober.
Klima: heiß

Hectordelfin bei Akaroa (Neuseeland).

Neuseeland

Banks Peninsula

Die seltenen und in Neuseeland endemischen Hectordelfine kann man 80 km südöstlich von Christchurch, der Hauptstadt der Südinsel, beobachten. Ausflüge in den Fjord, in dem sich diese außergewöhnlichen Meeressäuger, deren Finne an ein Micky-Maus-Ohr erinnert, tummeln, werden von mehreren Veranstaltern im Ort Akaroa angeboten.

Zeitraum: ganzjährig
Klima: im Sommer frisch, im Winter kalt.

Kaikoura

In Kaikoura (2000 Einwohner), 183 km nördlich von Christchurch, sind ortstreue Pottwale (große Bullen inklusive) sowie eine kleine, lebhafte Delfinart zu sehen: der Schwarzdelfin. Nur ein Anbieter (unter Leitung von Maoris) fährt zu den Pottwalen. Die Boote fassen 10 bis 50 Passagiere.

Bei manchen Veranstaltern darf man mit Schwarzdelfinen schwimmen, die – zutraulich und neugierig – nicht lange auf sich warten lassen. Die Wassertemperatur erfordert einen Tauchanzug (wird vor Ort zur Verfügung gestellt).

Ein Pottwal taucht ab, Kaikoura (Neuseeland).

Schwarzdelfin in Neuseeland.

Zeitraum: Pottwale ganzjährig, Schwarzdelfine von Oktober bis Mai.
Klima: im Sommer frisch, im Winter sehr kalt.

Lautstarke Demonstration eines Buckelwals.

Inseln der Südsee

Neukaledonien, Tonga, Fidschi, Polynesien ...

Immer häufiger führen Touren auch in die Fortpflanzungsgründe der Buckelwale. Der Grund hierfür ist unschwer zu erraten und man kann sich leicht ausmalen, wie es mit dem korrekten Verhalten gegenüber den Tieren aussieht. Ungenügende Regulierung bzw. das Fehlen einer strikten Handhabung durch offizielle Stellen wie in Patagonien (Argentinien) lässt befürchten, dass die Wale unter dem unprofessionellen Vorgehen der Betreiber und privaten Bootsfahrer leiden. Praktisch in allen Inselgewässern sind Delfine (Spinnerdelfine, Große Tümmler etc.) zu sehen.
Zeitraum: Delfine ganzjährig, Buckelwale von Juli bis Ende September.
Klima: je nach Jahreszeit warm bis heiß. Im Winter kann der Wind die Luft schnell abkühlen. Im südlichen Sommer Gefahr von Wirbelstürmen.

Rurutu (Australinseln)

Seit über 10 Jahren bietet ein Veranstalter Beobachtungen und unter bestimmten Voraussetzungen auch Freitauchen mit Buckelwalen an, bei denen es sich meist um Walmütter mit ihrem Nachwuchs handelt. Weit entfernt von den klassischen Touristenzentren in Polynesien vermittelt Rurutu ein Gefühl davon, wie das Leben vor einem halben Jahrhundert auf den Inseln ausgesehen haben könnte. Zahlreiche Reportagen und Dokumentationen bezeugen den respektvollen und naturverträglichen Umgang mit den Walen.
Zeitraum: Mitte Juli bis Ende September.
Klima: je nach Jahreszeit warm bis heiß mit kurzen tropischen Regenschauern. In der »Walperiode« zeitweise stark windig.

Buckelwale bei Rurutu (Polynesien).

Nuku Hiva (Marquesainseln)

Dieser Archipel am Ende der Welt ist mit dem Flugzeug ab Tahiti zu erreichen. Ein Veranstalter auf der Insel Nuku Hiva bietet Beobachtungen von ortstreuen Breitschnabeldelfinen an. Tagsüber vergnügen sich die außergewöhnlichen, dunklen Meeressäuger mit den weißen Lippen im Osten der Insel, nachts jagen sie an der Westküste.

Zeitraum: ganzjährig
Klima: warm bis heiß mit tropischen Regenschauern. Die Marquesainseln befinden sich außerhalb der Wirbelsturmzone.

Breitschnabeldelfine vor Nuku Hiva (Marquesainseln).

Ein Buckelwal im Sprung (*breach*).

Hawaii (USA)

Im Herzstück des zwischen den Inseln Molokai, Maui und Lanai gelegenen Meeresschutzreservats treffen zur Fortpflanzungszeit zahlreiche Buckelwale aus Alaska ein (ca. 4500 im gesamten Archipel), die meist 6 bis 8 Wochen bleiben. An Whale-Watching-Möglichkeiten herrscht kein Mangel: in Lahaina und Kihei an der Westküste von Maui, ebenso auf den Inseln Kauai und Oahu. Glasbodenboote, chinesische Dschunken und nachgebaute, mit Touristen überladene Piratenschiffe erinnern an »Erlebnisparks«. Pluspunkt: Die Ausfahrten werden von einem Naturkundler begleitet.
Auch zahlreiche andere Arten sind zu sehen, u. a. Spinnerdelfine, Grindwale und Kleine Schwertwale.
Zeitraum: Buckelwale Mitte Dezember bis April. Delfine ganzjährig.
Klima: warm bis heiß. Mitunter Regenschauer, starker Wind und bewegte See.

Mexiko (Niederkalifornien)

Golf von Kalifornien

Loreto und La Paz sind die wichtigsten Ausgangspunkte zum Beobachten zahlreicher Arten im Golf von Kalifornien: Blau-,

Die Wüste in Niederkalifornien ist von atemberaubender Schönheit.

Langschnäuziger Gemeiner Delfin (Niederkalifornien).

Finn-, Bryde- und Edenwale, Zwerg-, Buckel- und Pottwale, Orcas und zahlreiche andere Delfine. Einheimische und amerikanische Veranstalter haben Tagestouren und einwöchige Fahrten im Programm. Im äußersten Süden der Halbinsel sind vor der (stark touristischen) Stadt Cabo San Lucas auf mehrstündigen Ausfahrten Buckelwale (meist Mütter mit Nachwuchs) aus nächster Nähe zu sehen.

Zeitraum: Buckelwale Januar bis April. Blauwale ab März. Andere Furchenwale und Delfine ganzjährig.

Klima: tagsüber warm, nachts frisch. Häufig Wind.

Grauwal in der Bahía Magdalena (Niederkalifornien).

Die Küste der Grauwale

Nach einer etwa 10 000 km langen Wanderung treffen die vom Beringmeer kommenden Grauwale in den riesigen Lagunen an der Pazifikküste der niederkalifornischen Halbinsel ein, die ihre Fortpflanzungsgründe bilden. In den flachen Gewässern bringen sie ihren Nachwuchs zur Welt. Im Norden liegen die Lagunen Guerrero Negro und Ojo de Liebre (Scammon's Lagoon), weiter südlich die auf einer Piste eher schwer zugängliche Lagune San Ignacio gefolgt von der Bahía Magdalena. Lokale Veranstalter bieten Whale Watching auf flachen Booten, den *lanchas*, an, amerikanische Veranstalter operieren auf größeren Booten, hauptsächlich in der Lagune San Ignacio.

Zeitraum: Januar bis April.

Klima: tagsüber warm, nachts frisch. Häufig Wind.

Buckelwal in Puerto Vallarta (Mexiko).

Mexiko (Festland)

Puerto Vallarta

An der riesigen Bucht Bahía de Banderas an der mexikanischen Pazifikküste liegt die Stadt Puerto Vallarta, in der man dem Whale Watching kaum entkommen kann. An jeder Straßenecke werden (teils illegal) Ausflüge auf kleinen Booten oder auf Monsterschiffen mit Kapazitäten von rund Hundert Gästen angeboten. Die Wahl bleibt jedem selbst überlassen.

Zeitraum: Mitte Dezember bis Ende März.

Klima: tagsüber warm bis heiß, nachts frisch. Häufig Wind.

USA (Westküste)

An der amerikanischen Westküste gibt es von Kalifornien über Oregon bis Washington (Bundesstaat) nicht weniger als 35 Häfen mit Möglichkeiten zum Whale Watching, insbesondere zur Wanderzeit der Grauwale, wenn diese nach Mexiko bzw. zurück nach Alaska ziehen.

Im Meeresschutzgebiet der Bucht von Monterey südlich von San Francisco wurden 26, also etwa ein Drittel aller Wal- und Delfinspezies gezählt, darunter Blau-, Buckel-, Grau-, Zwerg-, Finnwale, Schnabelwale, Delfine und Schweinswale.

Zeitraum: Im Dezember erscheinen die ersten Grauwale aus Alaska vor dem Bundesstaat Washington. Bei der Rückreise aus Mexiko ziehen die ersten Wale im Februar an Kalifornien vorbei, die letzten im Mai am Bundesstaat Washington. Andere Wale und Delfine ganzjährig.

Klima: von Oktober bis Mai kalt und regnerisch. Juni bis September warm, auf dem Meer aber immer sehr frisch.

Ein Grauwal zieht vor der US-Küste gen Norden.

Kanada (Britisch-Kolumbien)

Vancouver Island

Orca vor Vancouver Island (Kanada).

Ein bedeutendes Whale-Watching-Gebiet mit über 30 Beobachtungsmöglichkeiten. Zu den bekanntesten zählt die Umgebung von Telegraph Cove im Norden der Johnstone Strait, die von mehreren Veranstaltern angefahren wird. Zu sehen sind Orcas, Weißstreifendelfine, Dall-Hafenschweinswale und gelegentlich auch Zwergwale. Ab Tofino an der Westseite der Insel geht es in die Nahrungsgründe von Grau- und Buckelwalen.

Zeitraum: Orcas Juni bis September. Vorsicht, dies fällt mit der Hochsaison zusammen: Die Zimmersuche ist schwierig, die Wartelisten für die Bootsausflüge sind oft sehr lang. Frühzeitige Reservierung von Unterkunft und Tour wird für die gesamte Insel empfohlen.

Klima: meist sonnig, teils aber stark neblig. Auf dem Wasser immer sehr frisch.

Südöstliches Alaska: Inseln so weit das Auge reicht.

Die berühmte Fischfangtechnik der Buckelwale mithilfe von »Luftblasennetzen« (*bubblenet feeding*) ist am besten in der Chatham Strait und im Frederick Sound zu beobachten, wohin man leicht vom Fischerhafen Petersburg auf der Insel Kupreanof aus

Auf der Suche nach Buckelwalen in Alaska.

gelangt. Orcas, Dall-Hafenschweinswalen und Zwergwalen kann man bei der einwöchigen Tour ebenfalls begegnen. Angesichts der kurzen Saison und der wenigen verfügbaren Plätze empfiehlt sich die frühzeitige Reservierung. Weitere Anbieter in der größeren Umgebung, die sich aber nicht ausschließlich dem Whale Watching widmen.

Zeitraum: *Bubblenet feeding* der Buckelwale Ende Juni bis Mitte Juli. Andere Wale und Delfine bis Anfang September.

Klima: recht wechselhaft. Blitzschnelle Umschwünge von Sonnenschein zu sintflutartigen Regenfällen. Nebel möglich. Die Gewässer sind meist ruhig, da sie vor der Ozeanbrandung durch zahllose vorgelagerte Inseln geschützt sind, aber es ist immer sehr kalt.

Buckelwale beim Fischfang mit einem »Luftblasennetz« (*bubblenet feeding*) in Alaska.

Register der Trivialnamen

Register der englischen Namen

Register der wissenschaftlichen Namen

Ich danke allen, die rund um den Globus zur Verwirklichung dieses Naturführers beigetragen haben, indem sie mir gestatteten, an ihrer Seite zu arbeiten.

Gérard Soury

Mitglied beim »Nikon Professional Service«